青少年自然科普丛书

生 命 微 观

方国荣　主编

台海出版社

图书在版编目（CIP）数据

生命微观 / 方国荣主编. ——北京：台海出版社，
2013. 7
（大自然科普丛书）
ISBN 978-7-5168-0199-4

Ⅰ．①生…Ⅲ．①方…Ⅲ．①生命科学—青年读物
②生命科学—少年读物 Ⅳ．①Q1-0

中国版本图书馆CIP数据核字（2013）第132707号

生命微观

主　　编：方国荣

责任编辑：王　品
装帧设计：视界创意　　　版式设计：钟雪亮
责任校对：秦凡洛　　　　责任印制：蔡　旭

出版发行：台海出版社
地　　址：北京市朝阳区劲松南路1号，　邮政编码：　100021
电　　话：010—64041652（发行，邮购）
传　　真：010—84045799（总编室）
网　　址：www.taimeng.org.cn/thcbs/default.htm
E-mail：thcbs@126.com

经　　销：全国各地新华书店
印　　刷：北京一鑫印务有限公司
本书如有破损、缺页、装订错误，请与本社联系调换

开　　本：710×1000　　1/16
字　　数：173千字　　　　　　　印　　张：11
版　　次：2013年7月第1版　　　印　　次：2021年6月第3次印刷
书　　号：ISBN 978-7-5168-0199-4

定价：28.00元

版权所有　　翻印必究

目录 MU LU

我们只有一个地球

方国荣

巨人安泰是古希腊神话中一个战无不胜的英雄，他是人类征服自然的力量象征。

然而，作为海神波塞冬和地神盖娅的儿子，安泰战无不胜的秘诀在于：只要他不离开大地——母亲，他就能汲取无尽的能量而所向无敌。

安泰的秘密被另一位英雄赫拉克勒斯察觉了。赫拉克勒斯将他举离地面时，安泰失去了母亲的庇护，立刻变得软弱无力，最终走向失败和灭亡。

安泰是人类的象征，地球是母亲的象征。人类离不开地球，就如鱼儿离不开水一样。

人类所生存的地球，是由土地、空气、水、动植物和微生物组成的自然世界。这个世界比人类出现要早几十亿年，人类后来成为其中的一个组成部分；并通过文明进程征服了自然世界，成为自然的主人。

近代工业化创造了人类的高度物质文明。然而，安泰的悲剧又出现了：工业污染，动物濒灭，森林砍伐，水土流失，人口倍增，资源贫竭，粮食危机……地球母亲不堪重负，人类的生存环境遭到人类自身严重的破坏。

人类曾努力依靠文明来摆脱对地球母亲的依赖。人造卫星、航天飞机上天，使向月亮和其他星球"移民"成为可能；对宇宙的探索和征服使人类能够寻找除地球以外的生存空间，几千年的神话开始走向现实。

然而，对于广袤无际的宇宙和大自然来说，智慧的人类家族仍然是幼稚的——人类五千年的文明成果对宇宙时空来说只是沧海一粟。任何成功的旅程都始于足下——人类仍然无法脱离大地母亲的庇护。

美国科学家通过"生物圈二号"的实验企图建立起一个模拟地球生态的人工生物圈，使脱离地球后的人类能到宇宙中去生存。然而，美好理想失败了，就目前的人类科技而言，地球生物圈无法人工再造。

英雄失败后最大的收获是"反思"。舍近求远不是唯一的出路，我们何不珍惜我们现在的生存空间，爱我地球、爱我母亲、爱我大自然，使她变得更美丽呢？

这使人类更清晰地认识到：人类虽然主宰着地球，同时更依赖着地球与地球万物的共存；如果人类破坏了大自然的生态平衡，将会受到大自然的惩罚。

青少年是明天的主人、世界的主人，21世纪是科学、文明、人与自然取得和谐平衡的世纪。保护自然、保护环境、保护人类家园是每个青少年义不容辞的职责。

"青少年自然科普丛书"是一套引人入胜的自然百科和环境保护读物，融知识性和趣味性于一炉。你将随着这套丛书遨游太空和地球，遨游海洋和山川，遨游动物天地和植物世界；大至无际的天体，小至微观的细菌——使你从中学到丰富的自然常识、生态环境知识；使你了解人与自然的关系，建立起环境保护的意识，从而激发起你对大自然、对人类本身的进一步关心。

◎ 人类之谜 ◎

　　人类如今已能进入太空，并在探索着"外星人"的秘密；克隆技术的突破，使"再造"人类成为可能。

　　然而，关于人类的起源，人类本身的许多奥秘深处，仍然存在着种种不解之谜……

◎ 人生之谜 ◎

生命是怎样诞生的

按照生物进化的观点，人由猿变来，猿由更简单的生命变来，生命就是这样从简单到复杂，从低级到高级发展起来的。那么由此上溯到最简单、最低级的生物，即最早的生命是怎样开始的呢？

在过去蒙昧无知的年代里，人们是用想象和神话来解释生命起源的。如女娲造人、上帝创造万物等等。到了中世纪，有人发现腐肉中能突然长出蛆和昆虫来，而青蛙和老鼠总是在泥土堆和霉麦堆里出现，于是就提出了"自然发生论"。这种观点认为，许多生物可以自然而然地在某一个地方突然产生出来。

有一位名叫雷地的意大利医生对这种观点产生了怀疑，他把肉块放在瓶子里，有的盖上细布，有的不盖。结果发现，加盖的瓶子里的肉不长蛆，却在盖布上发现了许多苍蝇的卵。这个实验证明，没有蝇卵的肉不论腐烂多久，也不会长出蛆来。这个实验给了"自然发生论"一个致命的打击。

生命既不是神创的，也不可能是自然发生的，那么地球上最初的生命是从哪里来的呢？对于这个地球上生命的起源问题，科学家们展开了长期的争论，但至今也没有得出一致的意见。

有些科学家认为，地球上的生命最早来自于太空，是一次意外的灾难将生命根植于适宜它生存的地球上。宇宙间有无数的陨石在太空中做往来穿梭的运动，它们就如蒲公英一样承载着生命的本质物质。由于久远以前的地球大气层没有现在这么厚，所以陨石便成了地球的常客。它的每一次降临便意味着越来越多的生命物质在地球上落地生根。又由于大陨石撞击地球、火山爆发、星云大爆炸等不断产生激波，这种激波一次次刺激着生命的成长，在这种刺激下，生命成长起来了。

支持这种观点的人当中有不少天文学家和星体研究工作者。他们指出，在月球表面或火星的火山口，都可找到不少有机合成物。早在19世纪初，人们已在陨石上找到有机分子，它们是有机合成物诞生的重要因素。不过，这些星体上的有机物迁居地球的机会几乎没有，因为陨石降落地球时所产生的高温足以把整个海洋蒸干，令地球成为不毛之地。那样的话，任何生物也无法生存下去。所以，这一点还需要认真考虑。

但有一部分科学家不同意这种生命外来说，他们认为生命就是地球在一定环境下自己产生的。前苏联科学家奥巴林提出了一个著名的假说，他认为，在50亿年前，地球的运动很剧烈，巨大的能量促使大气层中的无机分子变成有机分子。当时下雨很频繁，大气中的氢、二氧化碳、氨和甲烷分子随着雨水进入到原始的海洋中。它们互相碰撞结合，产生了各种有机物质，渐渐地发展成为原始的生命。

1950年，美国学者米勒决心用实验来验证奥巴林的观点。他模拟原始地球的气候条件，制造了类似原始大气层的气体。然后放进真空瓶内，不断加热并放射人工电火花。一个星期后，米勒惊异地发现，真空瓶里居然产生了一些氨基酸。要知道，氨基酸是构成生物蛋白质的基本单位，在非生命物质里是不可能有氨基酸的。米勒的这个实验立刻震动了整个科学界。

那么，从氨基酸到真正的生物细胞又是怎样演变的呢？生物学家福克斯提出，氨基酸分子在适宜的条件下会结合成一种"微球体"，它又发展成生物细胞。他经过20多年的研究，已经在实验室中产生出了这种微球体。

英国的化学家史密斯则认为，生命起源于粘土。他的这个新观点也引起了科学家们的极大兴趣。人们定义生命的特征时：有高度组织、结构稳定、有适应环境的能力、能自我复制。粘土恰好具备这些特征。那么粘土是不是生命呢？现在还没有人能十分肯定地回答这个问题。

德国科隆大学的化学家费特曼·科朗教授进一步指出，地球上的生命很可能起源于深藏在地壳表层下的岩石里。为了证实这个推论，他和美国太空总署的科研人员一起做了一个实验，选一种名为橄榄石的岩石，放在一个真空室里，用重力撞击，使之破碎成粉状。在橄榄石破碎的过程中，析出了多种分子，它们都拥有最低限度的6个碳原子。这种多碳原子分子，是产生有机分子的重要元素，也就是说，是孕育着生命体的最主要原质。

科朗教授指出，假如我们把地心物质中的金属加以剔除的话，会发现大约有90％以上的是橄榄石。换言之，地球拥有大量可供制造有机物的矿物元素。

如果此说属实的话，那么《西游记》中关于美猴王是从石头中迸出来的描述，就不完全是虚构的情节了。

还有一部分人把上述两种学说结合到一起，这也是20世纪90年代最新的一种说法。他们认为原始大气中的氨基酸是在太空中生成的，地球利用自己强大的吸力使氨基酸降临到地面。于是，生命成了真正意义上的地球之子。

20世纪关于地球生命起源的最新假说是由日本科学技术厅无机材料研究所的研究员中泽弘基提出来的。他认为，形成生命的最基本成分的氨基酸和核酸等有机低分子物质沉积于海底之后，由于地壳的变迁，而被卷入地球深处。氨基酸、核酸等有机低分子物质，是在地球深处由于高温高压的作用，而转变成蛋白质、遗传基因等有机高分子物质的。他的这一生命起源新说，得到了一项实验的有力支持。

中泽将采集到的含有低分子物质的古代海洋沉积物（一种粘土矿微粒）和含有氨基酸的丙氨酸粉末混合在一起。在1000个大气压下，把混合物分别加热到摄氏100度、150度、200度。经过一周时间，发现丙氨酸分别以3个或6个分子结合成有机高分子物质，而在水中对这种混合物进行的实验所产生的有机高分子物质就很少。因此，中泽弘基坚信自己的生命起源之说是正确的。

中泽提出生命起源新说与以往科学家提出的众多假说一样，都有待于进一步论证，但这种论证是很不容易的，因为人类无法将自身置于那个没有生命的年代。不过，科学家们都确信，地球上最初的生命，不论它是什么，都一定具有繁殖下一代的能力，而且这个最初生物懂得有关自己的资料，以遗传的方式传给下一代，从而把生命延续下去。

青少年自然科普丛书

qingshaonianzirankepu.com/qgfh

生命微观

地球上的生命来自太空吗

科学家们认为，生命是在地球早期特定环境下，由无机物逐步演变来的。但无机物是如何演变成生命的呢？科学家们为此一直争论不休，提出了各种各样的观点，其中有一种观点认为生命来自太空。下面就让我们来看看这种观点的产生和发展过程。

最先提出这种观点的是19世纪末的瑞典化学家阿列纽斯。他认为，宇宙生命可以孢子的形式存在于宇宙空间，在光的压力推动下，从一个星球飞向另一个星球。孢子，是一些低等植物的种子，但是它比一般的种子更细小，以致肉眼无法看到。孢子有厚厚的细胞壁，里边贮存着养料，在不利的情况下可以处于休眠状态，一旦来到肥沃的土地便会生根发芽。一些植物的孢子在经历过千百年后仍然有旺盛的生命力。不过，阿列纽斯所说的孢子并不是植物的种子，而是泛指类似孢子这样的微小的原始生命胚胎。

阿列纽斯的假说曾一度获得很多人的支持，但在1910年，有人通过实验证明，尽管孢子能抗御寒冷和饥饿，但却无法躲避宇宙高能射线的杀伤。于是，阿列纽斯假说便因为缺少重要的支柱而被人们抛弃了。科学的发展往往是曲折迂回的，新的发现又重新唤起了人们对生命来自太空的猜测。遗传学的专家注意到，地球上的生命尽管种类庞杂，但却具有一个模式，即具有相似的细胞结构，都是由同样的核糖核酸组成遗传物质，由蛋白质构成活体。如果生命是从地球上的无机物进化而来的，为什么不会产生多种生命模式呢？

矿物学家注意到，钼这种元素在地球上含量很低，仅为0.0002%，而钼对生命的生理活动有着重要作用。含量如此稀少的元素，会对地球上的生命产生重要影响吗？人们有理由怀疑生命起源于一个富钼的天体。从天外坠落的陨石中，天文学家发现了起源于星际空间的无机物，其中包括构成地球生命的全部要素，由此可见，生命来自太空的可能性是完全存在的。

天文学家的发展给了生命起源太空的假说以强有力的支持。早在19世纪末，人们就注意到，来自宇宙的星光，在到达地球的途中，因被星际物质所吸收，会使星光减弱。近代利用人造卫星把宇宙星光展成光谱，发现在红外区域和紫外区域的某些波长处均有强烈的吸收带。究竟是什么物质造成了这种星际消光现象呢？起先有人怀疑是石墨构成的宇宙尘，也有人认为可能是硅酸盐尘，还有人认为是带有苯核的有机物。但通过实际模拟所获得的消光光谱却与星际消光光谱不符。正当人们为此而苦恼时，英国加迪夫大学的霍伊尔教授提出了一个大胆的假设，他认为宇宙空间可能充满了微生物。他用大肠杆菌来作模拟试验，结果在紫外线0.22微米的波长范围内，果真找到了与星际消光相吻合的吸收带。接着，日本的薮下信助用大肠杆菌做了更详尽的研究，得出的结果虽与霍伊尔稍有差异，但基本上相同。

1985年，英国人彼得·威伯所做的实验，又使人们对阿列纽斯的假说进行了重新评价。人们抛弃了阿列纽斯假说，是因为发现太空生命无法躲避于宙射线的杀伤，但威伯把枯草杆菌置于模拟的宇宙环境中（即气压低到7亿分之一个大气压以下的高真空条件，温度为−263℃）进行紫外照射，其中有10%可以存活几百年的时间。如果把枯草杆菌置于含有水、二氧化碳的分子云内，根据各种数据推测可存活几百万年到几千万年。这个实验结果使一些人相信，这种分子云足以把生命的种子，从这个星球移向另一个星球，从而撒向四面八方。

随着科学研究的不断开拓和深入，生命起源于太空的假说越来越受到人们的重视。

地球上的生命起源

青少年自然科普丛书

qingshaonanziranxepuxingshu

生命微观

在学术界大多数人都这样认为：地球是在20-30亿年前开始产生了最早的生命。而在以前的很久一段时间内，地球只是一个十分孤寂的行星，没有任何生命。后来，由于产生了最简单的细胞——具有原体特征的原细胞，地球上才逐步开始了生命演化的历程。

然而，有人通过最新的研究成果向人们展示了一个无可辩驳的事实：生命在地球存在的早期就已经开始了它的演化过程。科学家们在乌克兰、科拉半岛和卡累利阿最古老的沉积岩里发现了有机碳，即有机物分解所形成的碳。对于这些沉积岩的年龄鉴定表明，它们已经存在了32亿年，也就是说，在地球形成以后不到15亿年的时间里，地球上就已经开始出现生命了。

按照传统的认识，地球是由炽热的气体凝聚物形成的。为了能够产生生命，在漫长的时间里，地球需要冷却，以形成坚硬的地壳，还需要覆盖上一层水膜，并获得大气层。那么，从地球形成到地球上具备产生生命所需要的条件，这15亿年是不是显得有些仓促呢？

尽管如此，计算地球生命发源的时间还可以向前推移。德国和法国的两位科学家曾经在格陵兰38亿年前形成的古老岩层中，发现了单细胞有机物的内含物。据分析，这种细胞内含物是由有生命的物质组成的。细胞的形状呈椭圆状和丝体状，一般都具有鞘。它的形状、细胞壁和鞘的结构和繁殖方式几乎与现代的酵母菌一样。然而，有机物已是十分发达的生命形式了，它们的形成需要不少于5亿年的时间。这样一来，生命起源的时间就推到了43亿年前，而从"非生命"组到合成物质的时间只剩下了数亿年的时间了。

当然，用传统的观点来看，这个天文时段仍然短得不可思议。但是科学已不止一次迫使人们放弃过时的想法。20世纪末期的研究结果使人们产生了这样的想法：从原则上说，生命能够几乎与行星同时产生。在最古老的地层内广泛分布有生物碳的事实，又使科学家得出如下推论：一般地说，活物质是行星上发生的地质过程的必然"参与者"。

之后，科学家们又提出一个有关地球生命起源的新理论——非有机组份聚合合成活物质的理论。这个理论的主要结论是：生命是在一定条件下发生的特殊的化学反应的产物。

长期以来，科学家们总把地球生命的进化同地质进化相互分裂开来看待。而这种新理论认为，这两种进程是不可分割地联系在一起的。人们在最古老的岩层中不仅发现了生物碳，而且也发现了碳氢化合物的残迹。这就证明，在地球发展史的最初阶段，地球并不全然是一个死寂的岩石球体。

以上这些理论毕竟还只是一些推论和假设而已，生命在地球上确切的起源时间还有待于科学的进一步证明。

原始生命还会继续发生吗

青少年自然科普丛书

qingshaonianzirankepucongshu

生命微观

现在地球上是否还在发生着从无机物直接变成生命的过程呢？

绝大多数科学家对这个问题的回答是否定的，因为当初从无机物形成生命的内外因素已一去不复返了。那时，地球的原始大气的成分是形成有机物的丰富原料。强烈的紫外线是促进化学反应的丰富能源。当时地球上一无氧气，二无微生物，所以形成的有机物不会被氧化或被微生物分解。原始海洋又是积累有机物的适宜场所，经过漫长的发展阶段，终于使有机物发展成为生命。

可是现代地球与原始地球情况迥然不同了。地球的大气中充满氧气，大气层中还筑起了防止紫外线入侵的保护层——臭氧气。现代的大气层已失去形成有机物的因素。即使有微量的有机物产生，也不是被氧化，就是被无处不在的微生物所吞噬，根本没有进一步发展成大分子的机会。因此，现代生命只能从生命有机体中产生。当然。人们掌握了产生生命底蕴之后，进行人工合成生命，则应另当别论。

可是，美国学者道勒和英格门逊却认为，目前地球上还存在有化学进化的独特环境，这个地方就是在红海断裂谷中发现的盐水池。

这种水下断裂谷是大陆正好从这些地方逐步漂移开来的标记。他们认为，这样的独特环境很可能是各种化学进化理论所提出的大多数条件都具备的地点。

在这些断裂谷中有很多断层线，地球内岩浆和气体从这里流逸到洋底上来。含盐度极高的盐水池就沿着这些断层线分布着。它们位于一些直径约2公里，深约200米的坑洞中。盐水池温度可达56℃，其中含有甲烷，并可能含有其他生命演化所需要的组分。在盐水池中没有氧，没有微生物。总之，全然是一个生命起源的理想环境。

但是。人们在这里还没有发现已形成的无机物。以上观点不过是理论推测而已，正确与否还有待于进一步证实。

生物间传感现象之谜

生物之间，存在着相互传递感受的联系。这种现象，很早就引起了学者和科学家的兴趣。

19世纪末，英国爱丁堡大学格雷戈里教授介绍过贝奴亚的一项实验：贝奴亚把50只蜗牛分成25对，将每对单独放在一起。过了一段时间后，将一对中的一只带往美国，另一只留在法国。后来，在预定的时间里，用电流刺激法国的蜗牛，结果在同一时刻美国的那一只蜗牛也表现出同样的"电流刺激"反应。贝奴亚据此推测：生物间可能存在着"远距离联系"。

前苏联著名昆虫学家马里科夫斯基发现亚洲璃眼蝉具有"生物雷达"。他和蝉相处一段时间后，便与它玩捉迷藏的游戏，可他无论藏到哪里，蝉很快就能找到他。他后来藏在小轿车里，因有金属板的相隔，蝉就不知所措了。但只要他从汽车里一探头，蝉马上就会向他飞去。经过观察，他发现璃眼蝉每条前腿上都有一个"哈勒氏器"——爪子上的一个小窝，窝底有几个柱状突起。当它寻找猎物时，便爬到高处，举起前腿，像使用雷达一样。不停地转动前腿。如果将其前腿切除，它便失去了探索猎物的这种本能。

此种例证可谓比比皆是，俯拾即得。有一个少年做放鸽实验，把鸽子送到百里之外，但由于少年突然生病，便住进了医院。他的鸽子却并未回家，而是直接飞到医院，落到了那位小主人病房的窗外。

具有这种本领的最强者当然要数狗类。狗与主人关系亲密无间，形影相随。有人用狗做实验，将狗装到箱里，送到几百里之外，可最终狗却回来了，而且回到了已经搬过家的主人身边。

最有趣的是人也能将自己的意念传递给动物和其他人。法国《游艺与杂技》杂志的一位编辑，在回忆录中介绍驯兽师杜洛夫时，谈到他用思维

青少年自然科普丛书

qingshaoniananzirankepucongshu

生命微观

暗示动物进行表演的事。杜洛夫在心里命令一只狗："到琴那里去，用爪子敲打键盘。"那只狗居然照办无误。有一次，杜洛夫邀请一些科学家和记者参观他的小动物园。人们走近关有一对狮子的兽栏前，大家提议请杜洛夫暗示雄狮子去攻击母狮。杜洛夫欣然应允，便看了雄狮子一眼，在心中想出一个场面：母狮子蹑手蹑脚走近雄狮，想吃雄狮爪子旁的一块肉。以上场面果然出现了。突然雄狮子大吼了一声，向趴在远处的母狮扑去。杜洛夫立即出面干预，制止了雄狮子的非礼行为。在这之前，这两头狮子已友好相处了3年，从未吵过架。

有一位研究人员卡仁斯基，对杜洛夫说："你能进行思维暗示，那么请您暗示我做个什么动作吧！"杜洛夫同意了。便让他坐在那里不动。然后拿起一张纸条，在上面匆匆写了几个字，之后将纸条放在桌子上，用手捂住纸条，便开始望着卡仁斯基。卡仁斯基并没有什么特殊感觉。只是不由自主地用右手搔搔耳后，便把手轻轻放了下来。杜洛夫便把那张纸条交给他，他迷惑不解地看到上面写的是："搔搔右耳后。"

上述这些例子说明，无论是动物还是人，相互间确实存在着"心理传感"。那么，为什么生物间会有这种传感的现象呢？

有些科学家认为，这是人类的一种视型再现的能力——能远距离接收某些信息。在人类社会形成初期，类人猿很需要这种信息，在许多情况下，不仅能代替语言，而且在遇险时可以拯救氏族的某个成员。他们远离伙伴，能在心里发出求救要求或接收报告危险的思维传感符号。随着语言的发展，劳动工具的日臻完善和自卫能力的提高，人们的这种联系已经不像从前那样必要了。这种联系转变成机体潜在的能力，现在则成了视型再现。只有在极特殊的情况下，才会表现出思维传感能力，这就是人们常说的特异功能。

上述这种学说虽有其合理成分，但也仅仅是一种猜测。人类远古祖先的这种能力既无法亲眼见到，也不见诸于有关文字记载。究竟远古人类有没有这种能力，仍然是一个悬而未决的问题。

因此，也有的科学家认为，心理传感是人类和生物的一种潜在本能。只是由于人类进化的后果，这种现象在人身上已变得罕见，而在动物身上却经常出现。但人只要经过训练，仍然会重现出这种潜能来。但是，这种解释的不足在于：动物具有"思维传感"，也只是个别而非普遍现象。个别的事例是否有普遍意义呢？人类经过训练后的传感不但极少，而且很多是魔术。即使有，也不过是少数人的特异功能。

值得注意的是，有的科学家开始从量子力学和非物理学的神经系统方面来解释思维传感现象，提出了一种"舆"理论。1929年波格在人的脑门上测到了有节奏的电流，与此相伴人脑还可以发射出一种载有信息的电磁波，被人脑接收后就会译出信息。1940年霍夫加以进一步补充，他认为电磁波的强度反比于距离的平方，但其信息强度不会因距离而衰减，甚至可以像无线电广播中的自动音量控制那样，会使信号加强，抵消了因距离减弱的效应。俄罗斯的一位学者考根也支持这一理论。他认为思维传感是生物电流激发的超长电磁波舆（运载）的。

也有人认为是中微子起了舆作用，但中微子与物质的作用截面太小，似乎不大可能。俄罗斯圣彼得堡的科学家辛顺等人提出，可能是由超光速粒子起到舆（运载）的作用，但这只是一种猜测。

1940年波格还提出了一种假设，他认为大脑皮层的变化可以转化为一种新的能量形态——心灵能。它能以类似波动的方式运载得很远而不受障碍物影响。到达另一大脑后，又可转化为物理能而引起头脑变化。1960年玛沙进一步提出了共振假说。他认为两个构造相似的头脑之间有共振作用，通过相互影响会变得更相似，从而影响更大，思维传感就是人脑之间的共振。

随着科学家们对传感现象研究的日益深入，提出的各种解释层出不穷，但究竟原因何在，还需要进一步去破解。

人类会从海中诞生吗

古人类学家告诉我们，古猿是人类的远祖，它们生活在800-1400万年前的森林里。

古人类学家又告诉我们，南猿和猿人类是近祖，南猿生活在170-400万年前，猿人生活在20-170万年，他们都生活在草原上。

然而，在古猿之后，南猿之前，也就是在距今400-800万年这一大段漫长的岁月中，人类的祖先是什么模样呢？他们生活在哪儿呢？由于缺乏化石资料，科学家至今也未能圆满地回答这一问题。

英国人类学家哈代提出了一种新奇而大胆的学说，他认为，在这几百万年的岁月中，人类的祖先既不生活在森林里，也不生活在草原上，而是生活在茫茫大海之中。

哈代这一异想天开的说法并不完全是荒诞的。地质史表明，距今400-800万年前，在非洲的北部和东部，曾经有大片洼地被海水淹没。有一部分古猿就可能被迫下水，进化成为水生的海猿。

水中生活的特殊条件使得古猿进化出了两足直立、控制发声等本领。当几百万年过后，海水退却了，海猿重返陆地时，已经为直立行走、解放双手、发展语言的重大进化步骤打下了基础。与海猿同时期生活在地球上的古猿，并没有都进化成人类，其根本原因可能就在这里。

哈代还指出，人类身上至今还留有不少海猿的遗迹。这些特征在和人类同属于灵长动物的猿类、猴类身上找不到，而在海豚、海豹等水生哺乳动物身上却能找到。比如，所有灵长类动物身体表面都长着浓密的头发，没有皮下脂肪，惟独人类皮肤裸露，皮下有厚厚的脂肪层，这和海豹、海牛十分相似。

海龟、海鸟会流眼泪，排出体内多余的盐分，这是海洋动物的特性。而人类也能由泪腺通过眼泪排出盐分。

青少年自然科普丛书

qingshaonianzrankepucongshu

生命微观

几乎所有的陆生动物对食盐的需要都有非常精细的感觉，盐少时渴求，盐多时拒绝。而人类却没有这种感觉，体内缺盐也不渴求，不知道到处去寻找，摄入食盐过多也不自我抑制。在这方面也与海洋生物类似。

人类的潜水本领也远远超过其他灵长类动物。古人类学家在发现猿人化石的地方，还发现了一堆堆贝壳，这表明猿人曾以海洋中的贝类动物为食，而这些贝类大多数是生活在深水中的牡蛎、贻贝，如果猿人没有极好的潜水本领，是不会采到这些贝类的。

另外。人类在屏息潜水时的生理反应，也和海洋哺乳动物类似。

如此说来，人类真的是在大海中诞生了。但现在这样说还为时过早，如果有一天找到了海猿的化石，才有希望解开这个自然之谜。

右脑决定人的创造力吗

　　人的一切活动都由大脑控制着。人的大脑分为左右两个半球，左脑和右脑相互联系，共同支配着人的行为。美国神经生理学家斯佩里通过大量的科学实验发现，大脑两个半球在支配人的活动方面具有不同的分工：右脑偏重于绘画、音乐、空间几何、综合、想象等功能；左脑偏重于语言、概念、逻辑推理等功能。在此基础上，一些研究者进一步提出：右脑具有左脑所没有的创造能力。对此观点，许多科学家纷纷发表意见，试图寻求一个满意的解释。

　　美国德克萨斯大学的阿格教授指出，左脑最重要的贡献就是创造性思维。右脑不拘泥于局部的分析，能够摆脱各种传统观念的限制，统观全局，以大胆跃进式思维，得出直觉新颖的结论。这种创造性思维，在当今瞬息万变日益复杂的信息时代，往往能超越现有的情报信息，预知未来的发展趋势。这种能力对于现代人应付激烈的生存尤其重要。

　　美国康奈尔大学的赫曼博士认为：人的左脑和右脑并不是"势均力敌"的，每个人都是这样。由于遗传、环境、教育因素的影响，大脑的两个半球并不能相同地得到开发与发展，其中必有一侧脑占主导地位，另一侧处于从属地位。这样就决定了一个人的能力特点及其思想方法和思维习惯。由于传统的西方教育长期以来只注重左脑智慧的开发，造成目前大多数的工程师、会计师和企业管理人员及大多数理工科学生，基本上都属于左脑主导型人才。这类人员如果不注重发展右脑的智力，就会趋向保守稳妥，缺乏创新精神。因而，加速对右脑的开发对于发展当前的教育、科学、文化具有特别的意义。

　　美国行为学家戈斯比德指出，以预测市场发展及物价起伏为例：左脑主导型人员习惯于用分析、统计、推理的方法进行精密严谨的推理和预测，这种方法只有在市场以价格变化符合过去不变的规律情况才是正确的。实际上这种规律往往是令人难以掌握的。而右脑主导型人员凭着丰富的想像力，依靠直觉判断，常常会取得意想不到的成功，使企业在起伏不定的经济浪潮中战胜对手。

有关右脑功能的学说在西方风靡一时，许多大公司纷纷进行右脑智能开发的研究，试图以此为企业带来经济效益。然而在学术界，对于右脑决定创造能力的学说，却有不少研究者持怀疑态度。

美国德克萨斯州大学的斯科特教授在研究中发现，当处理简单的语言问题时，人们的左脑比较活跃；在欣赏音乐时，右脑比较活跃；但在处理稍微复杂一点的问题时，大脑两半球都活跃地参与，并没有观察到右脑具有特别神通的证据。由此他认为，不能说右脑决定创造能力的说法完全错误。

人体"信息素"之谜

青少年自然科普丛书

qingshaoniancziranckepucongshu

生命微观

科学研究表明，各个家庭都有自己独特的气味，彼此差别很大，这种家庭气味有一定的遗传性与同化性。每个家庭成员之间气味是相近的，但由于血缘亲疏程度的差异，气味的相近性也就有所不同，隔代与旁系亲属之间的气味差异大于直系亲属，异胞兄妹则大于同胞兄妹。

医学研究人员发现，即使是剖腹产妇，仅仅与婴儿接触不到两个小时，便可凭借气味辨认出自己的孩子。在不断蠕动并表现出烦躁不安的婴儿身边，放上一件沾有母亲的汗渍、乳母等分泌物的衣服，婴儿便会很快安静下来。

科学工作者还发现，每个人散发着一定量的气味，是这些气味悄悄地将人们维系着，影响着彼此的交往。青春期男女发出的身体气味，对异性能产生很大的诱惑力，能使青年男女增加爱慕，形影不离。

我们知道，许多昆虫以及麝鹿、麝猫等高等动物能分泌发情信息素，在吸引异性、繁衍种群过程中起作用。群体性的昆虫能分泌有特殊气味的信息素，在群体活动中传递信息，这些信息素直接影响到它们辨别敌友、召唤同伴、跟踪食物、占领地盘、营造巢穴等社会性活动。例如蜂王的召唤素，非洲毒蚁的跟踪素等。有些动物还能分泌和释放化学信息，它们的生活也与信息素息息相关。

那么，人类是否也会产生信息素呢？

在20世纪70年代中期，美国加利福尼亚大学的一个名叫拉赛尔的研究生做了一个别出心裁的试验：受试者是一些正处在哺乳期的妇女们和她们的出生才6个月的婴儿。拉塞尔让这些妇女将棉垫放在乳罩里，过几个小时以后将棉垫拿出来，然后把棉垫放在靠近婴儿的鼻孔的地方，观察婴儿的反应。结果发现，当婴儿嗅到自己母亲的棉垫时，会情不自禁地做出吸吮动作，而当婴儿嗅到其他陌生妇女的棉垫时，却没有什么反应。

有人又做了这样一个实验，让10位月经正常的女子，每隔几天就在她们的鼻下涂一点其他女子的腋汗，这样她们每隔几天就能嗅一次其他女子液汗的气味。结果在3个月后，这10名受试的女子月经周期发生了变化，改变了原来的生理规律，变得与那些提供腋汗的女子经期一致。与此同时，还做了一个对照实验，让另外10名女子每隔几天在鼻下涂一点酒精，结果这一组女子经期没有发生变化，这说明正是腋汗气味中的某些成分使受试女子经期发生了改变。

另外，人们发现这样一个事实，如果母亲怀抱婴儿时高声大叫，或与人争吵，或让婴儿经常受到体罚，就会影响到婴儿，他或她会烦躁不安、夜惊，甚至拒奶。

这些试验和发现都是耐人寻味的。

拉赛尔对他的实验进行了推测式解释。他认为，人体内也有一个信息素系统，能向周围环境分泌和散发某些化学信息物质，也能感受到这些信息素的影响，婴儿能为自己母亲身上的气味所吸引就是这个道理。

但有些学者认为，人体并不会产生特殊的信息素，上述现象不过是人体中的性激素有一部分随汗液排出来而起作用。男性汗液中含有雄甾酮，女性汗液中含有雌激素，是它们对其他人产生着微妙的影响。

另外一些学者认为，人类已有了语言这一传递信息最有力的工具，其他动物用信息素所发挥的作用，如求偶、报警等，人类都可以用语言来解决，因此，人类用不着使用信息素，人体自然也就不会产生什么信息素。

人类记忆力之谜

　　学生在学习时，能够将书本上和教师所传授的知识巩固下来，在以后某一个时间里还能够把这些知识重现出来；工人在操作过程中，能够把技术要领巩固在头脑中，以后就能够熟练地掌握这些技术动作；一般人在读报或读小说、看电影、电视等活动中，能够把一些有意思的情节记下来，过后还能生动地复述给他人听。诸如此类的现象，实际上都涉及到记忆信息在大脑中的储存问题。

　　那么，记忆信息是以什么方式储存在大脑中的呢？这是一个异常复杂的问题，科学家们纷纷提出了自己的见解。

　　20世纪初，塞母和赫林提出，记忆是"保持痕迹的能力"，是"物质的普遍属性"。这种说法一度得到很多人的赞同。他们认为，当人们记住一个名字时，人脑中就有一个代表那个名字的痕迹存在，开始时这种痕迹具有电流的性质，很容易消失，以后经过多次强化，这种痕迹发生了化学性质和组织性质上的变化，因而成为记忆的烙印。这种记忆痕迹和记忆烙印是活动的，没有一定的部位。

　　通过脑电现象和神经结构的研究，有人提出反响回路是记忆的生理基础。反响回路是指神经系统中皮层和皮层下组织之间存在的某种闭合的神经环路。当外界刺激作用在环路的某一部分时，回路便产生神经冲动。刺激停止后，这种活动并不立即停止，而是继续在回路中往返传递并持续一段时间。贾维克和艾思曼的"白鼠跳台"实验支持了这种看法。他们将白鼠放在一个窄小的台子上，使它总往下跳，当它跳下台后，就受到带电金属的电击，为了避免电击，白鼠很快又跳上台，形成回避反应。但高台十分窄小，使它又得往下跳。这样经过一段时间的训练后，白鼠在高台上的停留时间就明显延长，说明它"记住"了下面有电，形成了长时记忆。这时给予白鼠电休克，破坏它的记忆。当白鼠从电休克状态恢复正常以后，再将它放在跳台上，这时它还是不往下跳，这说明电休克没有破坏它的长时记忆。在实验组的白鼠形成回避反应之后，立即给予电休克，也就是在短时记忆时用电休克破坏它的电回路。白鼠恢复正常后，再把它放到跳台上，发现它立即往下跳，这说明电休克可能破坏了回避反应的电回路，引起了"遗忘"。由此人们认为，反响回路可能是短时记忆的生理基础。

还有人认为，刺激的持续中以使神经元的突触发生变化。例如，神经元的轴突末梢增大，树突增多、变长，突触间隙变窄，突触内的生化变化使相邻的神经元更易于相互影响等。这种看法得到一定的支持。在一个实验中，实验者把刚生下的一窝白鼠分成两组，一组放在内容丰富的环境里，一组放在内容贫乏的环境里，结果发现，前一组白鼠的大脑皮层比后一组白鼠的大脑皮层厚而且重。这可能是由于生活在丰富环境中的白鼠接受了较多的刺激，使它们的神经元突触结构发生了较大的变化。轴突和树突的数量增加，皮层的重量因而也增加了。在另一个实验里，实验将刚出生的一部分白鼠放在黑暗的环境里，生活25天后，再与其他生活在光亮环境中的白鼠进行比较。结果发现，生活在黑暗环境中白鼠的神经元的树突数量，比生活在光亮环境中白鼠的树突数要少。这说明黑暗环境影响了突触的形成。有人认为突触结构的变化，可能是长时记忆的生理基础。

近年来，随着分子生物学的兴起，特别是发现了遗传信息传递机制——"脱氧核糖核酸"（DNA）借助于另一种核酸分子"核糖核酸"（RNA）传递遗传密码。这使一些科学家假定，DNA是种族记忆的生化机制，而RNA则是承当个体记忆的分子结构。由学习引起的神经活动，可以改变与之有关的那些神经元内部的核糖核酸的细微的化学结构，就像遗传经验能够反映在脱氧核糖核酸分子的细微结构上一样。20世纪60年代，美国生理学家科恩等人，用核糖核酸酶处理无脊动物涡虫，消除了涡虫对已学会的某种行为的记忆。以后，瑞典神经生物化学家海登训练小白鼠走钢丝，发现经过训练后的小白鼠神经细胞中的RNA含量显著增加，其组成成也有变化。据此，海登等人把大分子看作是信息的"储存库"，并认为RNA和DNA是记忆的化学分子载体。

这种理论提出后，也得到了一些科学家的实验证明。有的科学家训练蚯蚓走迷津，当蚯蚓熟练走出迷津的技能形成以后，将其杀死，然后把杀死的蚯蚓制成食物，喂给其他从未学过走迷津的蚯蚓吃，然而再让这些蚯蚓学习走迷津。结果发现，后面这些蚯蚓学会走迷津的时间要大大低于前面的蚯蚓。这说明，后面的蚯蚓明吸取了前面被杀死蚯蚓体内的RNA成分。

有的科学家还将动物体内的RNA物质提取出来，制成RNA酵母片，然后让一些受训者吃下去，发现确实提高了记忆效果。以上种种有力的证据，似乎都说明了记忆的物质载体是脑中的RAN分子。

记忆的物质载体究竟是什么？信息是以什么方式储存在大脑里面的？这些问题已成为当代心理学、生理学、生物化学的热点问题。如果在这个问题上能有所突破，将对人类的智力发展产生巨大的意义。

青少年前缘科普丛书

qingshaonianqianyankepucongshu

生命微观

人类怎样进行思维

　　思维是人脑对客观事物的本质属性和规律的间接的、概括的反映。思维是一种智力活动，它可以影响和制约观察力、记忆力、想像力和注意力等其他智力部分的活动。思维也是人的认识过程，和感觉、知觉、记忆、想象一道构成了人对外界事物本质和现象的反映过程，而且是认识过程中的高级过程。

　　那么，人的思维在头脑里是怎样活动的呢？或者换一句话说，思维的生理机制是什么？这是科学家们一直非常关心的问题，他们为此展开了深入的研究，提出了各种观点。

　　第一种观点是巴甫洛夫提出来的。巴甫洛夫在研究条件反射时，也系统研究了思维的生理机制问题。巴甫洛夫提出了两种信号系统的学说，认为人类的高级神经活动就是两种不同的信号作用所建立的条件反射系统的活动。凡是以具体刺激物作为信号刺激而建立起来的暂时神经联系系统，称之为第一信号系统。它是感觉、知觉和表象的生理机制。凡是以词为信号刺激而建立起来的暂时神经联系系统，称为第二信号系统。第一信号和第二信号系统是人所特有的。人类有了第二信号，就可以实现以第一信号系统为基础的、以第二信号系统活动为主导的两种信号系统的协同活动。借助于两种信号系统的协同活动可对事物进行多阶段的分析、综合、抽象、概括。并在大脑皮层上形成多极的、概括程度不同的暂时神经联系的锁链。这就是思维的生理机制。例如，借助于"猪、狗、羊、狼、虎、豹"等词的作用，人们可以在这些具体动物形象的基础上，形成第一级的概括联系，这时，"猪"已不全指某一具体的猪，而是概括了所有的猪。然后，人们还可在"猪、狗、羊、猫"等词的联系基础上，形成更为概括的"家畜"联系。也可以在"狼、虎、豹、狮"等第二信号

青少年自然科普丛书

qingshaonianzirankepucongshu

生命微观

系统活动的基础上，凭借"野兽"这个词，进一步形成更为概括性的联系。然后，人们还可以借助于"兽类"这个词，在上述"家畜"和"野兽"等概括联系基础上，建立更为概括的联系。所有这些，都是以第二信号系统为主导的、第一信号系统为基础的两种信号系统协同活动的结果，是对客观事物进行多阶段分析综合，并形成了不同程度的暂时神经联系的锁链。因此，才使人的思维由浅入深、由此及彼地达到高级的认识阶段。

当这些暂时神经联系形成后，一旦外界有"家畜"的词作用于人脑并引起脑中相应的暂时联系兴奋时，"家畜"的概括联系的兴奋只向"猪、狗、羊、猫……"的联系产生选择性泛化（扩散），而不向"狼、虎……"等联系扩散。这是分类和概括的机制。同时，由于多级性的概括性系统的建立，借助于第二信号系统的作用，这些联系与有关的信号作用突然产生接通，这可能是顿悟的生理机制。

人凭借第一信号和第二信号系统的活动才能实现对客观现实的间接的、概括的反映，但第二信号系统的活动并不能完全脱离第一信号系统的活动。"这种链锁可能是极度复杂的，它包括大量的环节，而且每一个环节又都是以一个词的信号与另一个词的信号的结合为基础的，可是开始的环节总是以词的刺激物与作用于第一信号系统的外部世界的具体动因的影响的结合为基础的。"正因为这样，人们的思维才能正确地反映现实。

巴甫洛夫的学说曾经在很长一段时间内产生了重大影响。但是，后来有一大部分心理学和生理学家对此持批评态度，认为巴氏的学说主要是建立在宏观猜想的基础之上，而缺乏一定的实验做为基础。

第二种观点是鲁利亚提出的。鲁利亚是前苏联著名的神经心理学家。他认为，思维的活动是脑的综合活动的结果，因而提出了机能系统理论。他认为，联合脑的协同活动是思维的生理机制。任何一种思维活动都可能是一种机能系统。不同的机能系统包含着不同的多脑区的活动，各个脑区都有各自的特殊作用，由哪些脑区来参与活动也常随活动的条件的变化而变化。例如，顶枕部损伤后会对解决极简单的问题出现明显的空间障碍。一个60多岁的患者，左侧顶枕部的肿瘤手术切除以后，实验者让他用积木构成一个图形，他长时间看过样本后，仍然没有把握地说："和前面一样也是四块。"他一边数积木，一边看样本，仍想不出怎样摆才好，当摆来摆去还是和样本不一样时，他索性拒绝再摆下去。

大脑额叶损伤的患者，目的计划性失调，控制能力减弱，解决问题的能力严重损坏。在各种言语思维场合也表现出重大障碍，对文章的简单意义结构难以理解，对其中的隐喻和谚语之类需要转送的东西更难理解。由于他们不能抽取其中的主要意义，所以复述文章内容时，总是只说片断的、毫无关联的个别事实。

大脑左侧颞区损伤时，会出现短时言语听觉记忆的障碍，计算能力被破坏，计算活动产生很大的困难。

鲁利亚的机能系统结构理论在国际学术界受到相当的重视。他在《神经心理学原理》一书中，对自己的工作做了正确的评价："智力活动的脑机制的分析还仅仅是迈出了第一步，要使思维的脑机制得到充分的揭露，研究者还必须做很多工作。我们坚信，我们指出的系统分析方法为解决这个极其复杂问题开创了可靠的途径。"

第三种观点是罗伯特·斯佩里等人提出来的。20世纪70年代以后，人们对思维生理机制的研究趋向于对大脑左右两半球不同功能的探讨。近年来，前苏联科学院的一个中枢神经系统病理生理实验室和美国的一些科学家的研究表明，人的大脑两半球机能是不完全对称的，大脑左半球同抽象思维、逻辑分析有关系。"掌管"言语、概念和计算的功能；右半球则与音乐、图形、整体映象和空间鉴别能力有关。例如，大脑左半球损伤的病人记不得医院的名称，年月的名称，但能分辨种种具体情境；而右半球损伤的病人，虽能说出医院的名称，却找不到自己的病房、病床，认不出熟人。实验证明，动物的大脑没有这种两半球的分工，这说明抽象思维是人类所特有的，是与语言一同产生和发展的。美国神经生理学家罗伯特·斯佩里，用切开连接两半球胼胝体的方法证明大脑两半球功能的高度专门化，两半球经常是分工负责又协同活动的，右半球也有较高的功能，并非左半球的功能上占绝对的优势，为此，他获得了1981年生理学诺贝尔奖金。

上述这些研究对进一步了解大脑的高级功能和思维的奥秘都是有意义的，但思维究竟在大脑皮层上是怎样进行的，这个问题科学家还没有彻底搞清楚，还需要进一步探讨和研究。

人能一心二用吗

古时候有个人叫弈秋，是个非常有名的棋手。这一年。他收了两个徒弟，精心教他们下棋。弈秋在讲解棋艺的时候，一个学生听讲非常认真，思想完全集中在棋盘；另一个学生却心不在焉，耳朵里听着老师讲课，心里却想着怎样用弓箭去射天上的鸿雁。结果，前一个学生棋艺水平提高很快，后一个学生却几乎什么东西也没学到。

这个故事告诉我们，无论工作还是学习，都要专心致志，这样才能有所成就，如果一心二用的话，就会事倍功半。

现代生理学也告诉我们，一个人不可能同时专心致志地从事两件以上的事情，在一定的时间内，一个人的心理活动只能指向和集中于某一个事物，这时候他的大脑皮层的相应区域就会形成优势兴奋中心。在这个中心上，容易建立起暂时性的神经联系，又容易巩固下来，指向和集中的对象就成为注意的中心，而其余的对象有的处于注意的边缘，多数处于注意范围之外，至多能形成特殊模糊的认识。

在实际生活中，人们也往往会有这样的体验，当你专心致志地思考某一个问题，或者全身心投入到某一件工作中时，对于周围发生的事情就会视而不见，甚至有人大声叫你的名字，也会听而不闻。

然而，在日常生活中，我们又会看到另一种情况，有的人能够双手并用，一只手写字，一只手作画。还有的人更是"眼观六路，耳听八方"，嘴里唱着歌，手下弹着琴。脚下踩着连接伴奏乐器的装置，一个人就营造出热闹非凡的气氛。驾驶员也都有一心多用的本事，眼睛注意观察前边来往的车辆、行人，同时顾及视后镜反映出的情况，手中掌握着方向盘，脚下还要管油门、刹车等。

能够一心二用或多用的人，在历史上也有过记载。据说拿破仑可以同时干7件事。法国心理学家庞尔汉于1887年曾当众表演过这方面的才能：

一边朗读一首诗，一边写下另一首诗；或者一边朗读一首诗，一边用笔进行复杂的乘法运算。

对于这些事例生理学家又怎样解释呢？他们认为，这些事例都不能推翻一心不能二用的生理学依据。一个人要想同时做两种以上的事情，必须有这样两个前提：一个是这几件事有着一定的相互联系，彼此不能差别太大；另一个是只能有一件事是不大熟悉的，其余的动作要能达到"自动化"的程度，几乎用不着集中注意去观察思考，就可以熟练地做出来。

根据以上解释，一心二用是可以通过一定训练达到的。实践证明，有些人经过艰苦的训练，确实能够有条不紊地同时干几件事情，但为数相当多的人不管下怎样的苦功，也只能一心一用，不能兼顾其他。显然，在这个方面存在着很大的个体差异。

那么，这种个体差异又是怎样造成的呢？如果大胆推测的话，也许有的人大脑两半球能够同时形成两个或更多的兴奋中心，它们可以互不干扰地发出指令，控制人的行动；也有可能除了一个兴奋中心之外，又同时出现程度较低的兴奋中心，这样就可以使人在从事主要活动时，较好地兼顾其他活动。

然而，这些推测在没有得到生理学家的论证之前，对于解决问题还不具有实际意义。

人为什么能记住别人的脸

根据人类学家的抽样测量，白人、黑人和黄种人的鼻长、两眼间距离、唇厚、额宽等数据并无多大差别。然而，要想准确地记住别人的面孔，却不是一件容易事。1979年，美国威明顿市通缉一个罪犯，有7名目击者同时证明53岁的巴根斯神父是罪犯。而当真正的罪犯被抓住后，才知道他们全都认错人了。

当然，对于恋人、密友、亲人、长期在一起工作的同事等，都可以做到经久不忘。这因为相互接触时间已久，"印"在脑海里了。

科学家们通过调查发现，人们在辨认其他种族的人时都有一定困难。例如大多数白人都认为黑人的相貌差别不大，不如白人那么好辨认，而大多数黑人则认为白人的脸都很相似。据分析，这是由于白人与黑人之间接触较少造成的。

对于一个社交活动正常的城市居民来说，他大约能根据面孔辨认出几千个人来。至于有的人能够见面不忘，则属于记忆力超常。

既然辨认面孔的能力与记忆力有关，那么人脑中是否有相应的部位来担负这个任务呢？1892年，德国医生维尔布兰特首先发现了一个病例。患者是个43岁的妇女。在一次脑血栓发作后，竟连亲朋好友也认不出来，却能看懂文字，识别各种复杂的颜色和图形。此后，这种病被定名为"相貌失认症"。据研究，造成这种病症的原因是，大脑枕叶前下方接近颞叶的部位上，左右半球都发生了病变，而这个部位正是与对脸的知觉和记忆有关。

在1981年和1982年，美、英两国科学家又先后在猴子的大脑颞上沟中发现了只对脸的形象有强烈反应的细胞，即"脸细胞"，而那个位置接近于相貌失认症患者脑中发生病变的部位，以后又在邻近的颞下回、颞叶的深处发现了脸细胞。

脸细胞能够把不同的面容区别开来吗？英国的两位研究者贝雷特和史密斯在猴子身上进行了试验，结果发现，猴子的一部分脑细胞只对史密斯反应强烈，而另一部分脑细胞只对贝雷特反应强烈。由此可见，不同面孔是由不同的脸细胞负责记忆的。

脸细胞及其功能的发现，在科学界引起了极大的争议，出现了两种截然不同的观点。一派观点认为，每个具体的客体和概念，都是由脑内不同的专门细胞负责辨认的。除了脑细胞外，也许还存在着专门识别苹果的苹果细胞，专门识别老鼠的老鼠细胞等。

1984年，英国生物学家迪西蒙在猴脑中又发现了一种专门识别手的所谓手细胞。这种细胞只对真实的手反应强烈，而对图片上的手反应减弱，对于与手无关的图片，则毫无反应。手细胞的发现，似乎可能进一步证明人脑中有各种细胞负责识物，但另有一派观点却不这样认为。他们指出，辨认对方的面孔对于人类和过着群居生活的猴子来说，有着极为重要的意义。不仅要认识对方，还要通过脸部的表情了解对方的心意。由于这种重要性，才在灵长类动物的脑中培养出了专门辨认面孔的细胞。手的作用不亚于脸，所以也形成了专门的细胞。其他东西的重要意义远远不及脸和手，所以就没有形成专门细胞，而是由多种细胞一起工作，互相作用，这样就能把不同事物区分开来。

有人认为，脸细胞和手细胞是先天就有的，而有人则认为是后天形成的。虽然通过实验已经得知婴儿一般在7个月左右就能从面容上辨别出同性别的两个不同的人，但却无从得知脸在此时所起的功能。有人坚信，除了脑、手细胞外，一定还有其他类似的专门细胞。

另外，如果说辨认是由多种细胞互相作用完成的。那么各种视觉信息又是怎样得到的？诸如此类的疑问都等待着科学家们去解答。

青少年自然科普丛书

qingshaonianzirankepucongshu

生命微观

人体生物钟之谜

　　各种动物的生命活动都有固定的节律，这就是生物节律。因为它总是像时钟一样准确，所以人们又叫它生物钟。雄鸡每天早晨按时啼晓，候鸟每年准时迁飞，招潮蟹会随着潮水的节拍改变颜色，这些极有规律的表现，都被认为是受生物钟控制的。

　　人类作为万物之灵长，当然也应该毫不例外地受生物钟的支配。早在1897年，奥地利维也纳大学的心理学教授赫尔曼·斯沃博达就开始探讨人的生命节律的现象，发现人的体力变化和疾病有23天的周期性，人的心理变化有28天的周期性。后来，德国科学院院长费里斯又用大量的测算数据，有力地支持了斯沃博达的发现。大约在1920年前后，奥地利因斯布鲁斯大学教授阿尔弗德雷·特切尔，在研究了学生的考试成绩和日期的关系后，发现人的智力活动呈现出33天的周期变化。

　　除了体力情绪、智力周期外，人的血压、体温、心跳、脑电波等都有明显的周期性。到目前为止，已发现的人体生物节律已有100多种。比如，统计资料表明，早晨4点钟是婴儿出生的高峰时间，而早晨4-7点之间又是人的死亡高峰期间。这个现象显然与人体生物钟有关。

　　需要值得注意的是，人体生物节律是由高潮到低潮，又由低潮到高潮，有规律地周期性地波动着。由高潮期向低潮期过度或由低潮期向高潮期过度的日子，称为临界日。在临界日里，人体的协调能力差，情绪不稳，体力不济，工作效率下降，是发生事故、疾病甚至死亡的危险日。因此，临界日又叫危象日，两个或三个临界日重合时，称为二重危象日或三重危象日，此时人体状况更差。

　　有些医学家推断，某些情感性疾病，主要是由于患者体内的生物钟发生误差造成的，如能加以调整，便可消除或减轻症状。他们还倾向于认为，人的细胞分裂复制周期和人的寿命，都是由生物钟左右的。另据报告，早晨4-7点之间，心脏病患者服用毛地黄、糖尿病患者用胰岛素效果最佳，而在上午9点钟，用镇痛药普通效果不佳。

大量事实表明，人体内确实存在着生物钟。但是这个生物不像一般的钟表那样，有固定的外形和特殊的结构可寻，因而很难辨认和寻找，它在人体中又应该有其相应的部位。那么，生物钟到底位于何处呢？

多数学者认为，生物钟在人脑中。有可能在视交叉处。也有可能在脑垂体中。美国一些学者发现脑垂体下部的一串神经细胞如受到损害，生命节律就会被打乱，因而认为生物钟是由大脑中某些专职的神经所控制。还有人在对脑电流进行测量时，发现它有28天的周期性，于是认为脑电潜能可能是生命节律的主要生理机制。也有人认为，人脑中可能有两个生物钟，一个管理饮食睡眠，一个管理体温。

还有些科学家也认为生物钟是由人体自身内在的因素决定的，但却不认为控制生物钟的特殊结构在人脑中。丹麦学者汉姆伯基博士通过对从人尿液中所含激素的分析，发现激素的分泌量有比较精确的月节律，女性雌激素、孕激素的分泌也有月周期。激素对人的生理功能、神经系统都能产生影响，因此汉姆伯基认为，人的生物钟是由激素造成的。

美国的艾赫里特博士认为，在人的遗传基因中，有一种叫"定时转录子"的物质，它影响着RNA的合成速度，进而影响到生物钟。另一位美国科学家弗里斯发现，人体内男性和女性的细胞各自呈现出不同的节律。女性细胞有28天的情绪节律，男性细胞呈现23天的体力节律。

不过，主张控制生物钟的力量在人体外部的科学家也不乏其人。有一种观点认为，生命节律是人类及生物在进化过程自然形成的。因而在有机体的基因上就留下了自然节律的烙印，但它又受到环境的影响，人体能根据环境的变化加以调节。

另一种观点认为，某些复杂的宇宙信息是控制生物钟的动因。有关资料证明，人体对电场、地磁、光线及重力场的变化，对于宇宙射线、其他行星的运动周期、月球引力等都十分敏感，这些变化的周期性，就引起了人体生命节律的周期性。女性的月经周期与月亮的周期相一致，就是一个证明。还肯定存在着另外一些周期性的宇宙信息源，只是目前还不为人类所知。

外部的各种因素都会对人体产生影响，但是否会起决定性的作用，

青少年自然科普丛书

qingshaonianzirankepu congshu

生命微观

很多科学家对此持怀疑态度。有人曾做过这样的实验：把人关在与世隔绝的地下，恒温，光线亮度恒定，但受试者还是表现于近似于24小时的节律。

生物钟的发现，标志着人体研究的深入。世界上有许多国家根据这种现象，对交通安全、医疗保健、生产劳动、体育训练、优生优育等进行指导，并取得了很大成功。但是，生物钟的奥秘还未被完全揭开，还等待着科学家的努力。

生命微观

记忆力和智力能移植吗

科学家已充分肯定脑是物质的高级运动，其中有着复杂的化学变化。最简单的证明是孕妇在怀胎期间如果缺乏某些营养和元素以及受某些主客观因素的干扰，生下来孩子的大脑及其功能就会是低下的，甚至会是个痴儿。而某些弱智儿童，在补进一定的营养元素后，其智力会有所提高。

世界著名的神经化学家昂加尔通过多年的研究发现，那些生活在复杂环境中而且活泼灵敏的小白鼠，其头脑中的核糖核酸含量较在单调环境中生活的，动作迟钝的小白鼠高出10%，如果给"聪明"的小白鼠注射干扰剂，干扰核糖核酸的形成，智力的记忆力是由细小的蛋白质——多肽物质组成，每一种排列顺序和组合形式，代表着一种记忆式智力，如果破坏或转移这种化学物质，记忆力和智力就会相应地被破坏或转移。

科学家还探明来自各方面物质的、精神的刺激，包括有美味可吃、听到笑语或遭到无理的申斥等等，都将引起人们内分泌及神经元的一系列化学变化。

记忆和智力既然是化学物质，又可以转移，那么它到底能否移植呢？

如果记忆和智力能够人工移植，那么就可以把那些伟大的哲学家、科学家、作曲家、诗人们的学识和智慧，通过一种简捷的方法传给下一代，就不会因为他们离开人世而带走所有智慧而令人遗憾了。因而科学家们对这个问题很感兴趣，并积极地加以研究。

美国密歇根大学的心理学家哥尼尔教授用生活在淡水中的涡虫进行过多次实验。当他把这些涡虫训练到有牢固的避电避光记忆后，便把它们杀死、切碎，喂给那些没经过训练，不知避电避光的涡虫吃，结果这些涡虫竟然有了避电避光的智力。

他的这一试验引起了很多科学家的兴趣，很快在世界范围就有20个研究室也进行了类似的试验。除少数研究室没得出肯定性结论外，其他绝大多数研究室都获得了同样效果。难道"吃"也能转移记忆力和智力吗？科学家对此难以做出解释。

德国伦琴大学有位科学家，则是用蜜蜂进行实验。他训练一些工蜂去寻找一碗糖水，当这些蜜蜂熟练后，他把它们的记忆系统切下来，移植到另一些蜜蜂身上，这些被移植的蜜蜂，一般都可以很快找到那碗糖水，而其他蜜蜂则做不到这一点。

美国还有个叫安卡的医学博士。他又通过老鼠做试验。先训练它们具有怕黑暗心理，然后从它的大脑和有关记忆部分抽出一种叫做"单质缩氨酸"的"恐暗素"，把它注射到其他不怕黑暗反而怕光的老鼠脑中，结果这些老鼠也开始怕黑暗了。

之后科学家们大体上已经可以肯定记忆力和智力是化学物质，并且是可以移植的。但这还是理论上的认识，要想对人的记忆和智力做系统移植，还有许多技术性问题需要解决，其复杂程度远远超出人们的想象，对它的可能性现在还难以做出结论。

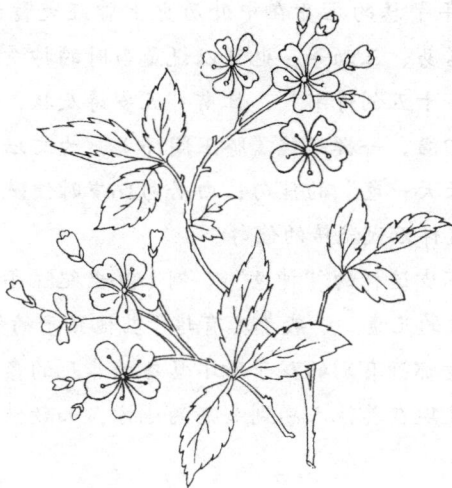

"神童"的秘密

1764年的夏天，为了庆祝乔治三世的76岁生日。整个伦敦热闹非凡。大街上熙熙攘攘。百技杂陈；王宫内衣香鬓影，冠盖云集。在春之花园的大厅里，来自奥地利的两位儿童正在演奏动人的歌曲。他们弹风琴和大键琴的娴熟技法，令在场的人惊讶不已。即使他们从未见过的新乐谱，也一样可以美妙地演奏出来。这两个孩子中的小男孩只有8岁，叫莫扎特，另一个女孩12岁，是她的姐姐。

像莫扎特这样在幼儿时代就表现出了非凡才能的人，并不鲜见。著名小提琴家梅纽因7岁时就登台与旧金山交响管统乐团合作，表现出了高超的技艺。他对一些作品的理解和诠释，令那些成名的艺术家惊叹不已。

类似这样的少年早慧的儿童在中外历史上曾经大量涌现。中国古代的李白、杜甫、白居易、王勃等，也可以说是当时的神童。"李白五岁观六甲，六岁观百家，十五创奇书"；杜甫"五岁诗及状，开口咏凤凰"；王勃少年时便才气四溢，一挥而就《滕王阁序》，为文坛留下了"落日与孤鹜齐飞，秋水共长天一色"的佳句；白居易16岁时便赋出了"离离原上草，一岁一枯荣"这样万代流传的佳句。

在当代，也有不少这样的"神童"。例如20世纪80年代初期，中国科技大学少年班所招收的儿童，一般都具有超于其他孩子的智商。

一般来说，神童都拥有别的孩子所不具备的非凡的禀赋。他们又大都将这些非凡的禀赋表现在其他人感到头痛的地方，如数学、音乐、文学、艺术等领域。

从心理学的角度来看，神童就是智商高于一般同龄儿童的孩子。心理学家经过对大多数人的反复测试，发现了人的智商分布如下：

IQ（智商）	级别	%
170以上	天才	0.1
140-169	极度优秀	1
120-139	优秀	11
110-119	中上	18
90-109	中等	46
80-89	中下	15
70-79	公界	6
70以下	智力落后	3

神童的智商一般都在140以上。那么，神童的奥秘何在？在心理学界，有着各种解释。

第一种理论认为神童是遗传基因造成的。类似神童的孩子可能在脑重、脑的结构、脑细胞的量上都超过了其他虽然可能他们的父母任何一方都是平凡普通的人，但两人的结合也许是最佳的生育孩子的前提。经过研究发现：神童大多数确实大脑较重，脑结构复杂，脑细胞较多。但也确有具备这些生理特征的孩子并不聪明，还有些不具备这种遗传优势的孩子，也表现出非凡的才能。看来，遗传的理论似乎不能成立。

第二种理论认为，神童是由于家庭教育造成的。经过观察发现，神童的家庭大都注重早期教育，神童的父母大都期望孩子成为有成就的人。因而，在很小的时候，他们便开始了对孩子进行早期教育和影响。但人们发现，以往神童大多都不是独生子，为什么父母的教育只对他们一人产生了作用，而对其他处于同一个家庭中的兄弟姐妹却毫无影响呢？人们也发现，许多心理学大师和教育家，并没有培养出"神童"。你能说一般人能比教育家更会教育孩子吗？

此外，有的理论侧重于学校教育，有的理论侧重于社会实践，还有的理论则倾向上述各种因素的综合。但不管哪一种理论，都不是解释神童现象的最佳理论。

人们发现神童一般都有以下一共共同特征：神童大都是男孩；他们的父母生他们的时候通常已超过了一般正常的生育年龄；许多神童都是剖腹产的；神童的父母都表现出很高的教育孩子的强烈愿望。为什么会有这些共同特征，这也许将成为科学上的一个难解之谜。

青少年自然科普丛书

qingshaoniantzrankepucongshu

　　有一些证据表明：智商高的孩子——或者说是神童，正在越来越多。智商高达170以上的儿童在孩子中所占比例之高，令人吃惊。而且一度流行一项非常奇特的"超级婴儿"运动，雄心勃勃的父母在孩子刚刚断奶时，就给他一大堆识字卡片，教他认数字，让他听音乐名曲。在美国加利福尼亚州艾康斯迪里这个地方，更有一个"精子银行"，只接受有名有成就者的精子（包括诺贝尔奖金获得者）。不久前，洛杉矶一位未婚女心理学家艾芙顿·布拉克，选择了一位电脑科学家（只知编号为28号）捐赠的精子，生下一名男孩，取名叫多隆。这孩子4个月时，已经拥有8个月婴儿的智力，1岁半时，就已表现出了非凡的音乐才能。

　　这种把"神童"当作物品一样刻意生产的做法，令许多研究者和心理学家既感到恶心，又感到恐惧。许多儿童学家也对于锐意强制儿童成为神童的做法表示担忧。小儿科医生已看到许多未蒙其利反受其害的孩子，他们出现头痛、腹痛、乱扯头发、焦虑、沮丧等症状。人工造就神童这种做法所带来的后果究竟是福是祸，这也是一个科学家需要回答的科学问题。

◎ 显微镜下 ◎

天文望远镜的发明，使人类认识了宇宙的广大；而显微镜的发明，使人类认识了一个无比微小而又广阔的大世界……

显微镜发现了"小人国"

地球上有一个气象万千的生命世界，除去我们人类还有许多的动物和植物。从远古时代起，人类就对动物和植物有所了解，而且把一部分动物驯化成家养动物，如牛、羊等，把部分野生植物培养成农作物和果木。

动物和植物都是人们看得见，摸得着的，因而很早就被人类所认识和利用。除去人类、动物和植物外，生命世界还有其他成员吗？有！它就是我们要去看看的"小人国"。

那里的成员都非常小，肉眼看不到，所以尽管早就存在于世，但人类认识它们却只有短短300年的历史。这就如同美洲大陆早就存在，但只有出现了能远航的大船，人们才得以发现它。在发现"微生物"这块"新大陆"的探险中，"大船"就是大名鼎鼎的显微镜，"哥伦布"则是荷兰科学家列文虎克（1632-1723年）。

古希腊人已经知道，装满水的、中空的玻璃球具有一种放大作用，但是这种知识在17世纪才被用来实际制造成套的放大工具。

荷兰是世界上资本主义发展最早的国家，也是最早的殖民主义者。17世纪荷兰在本土以外有大量的殖民地，许多货物源源不断地从殖民地国家运往荷兰。在荷兰，人们已在磨制印度的金刚石，这样，磨制宝石而最后也磨制玻璃透镜的手艺就在荷兰发展成为一种卓越的技能。那里的玻璃透镜磨制者做成了世界上第一批望远镜和显微镜。

第一架可用的显微镜可能是约翰尼斯和詹森兄弟在1590年首先制成的。以前曾有一种说法，认为世界上第一架显微镜是由列文虎克制成的，这是不准确的。但列文虎克与马尔比基、胡克、施旺麦丹等人先后对显微镜进行了改进，使之更为实用。

最早的显微镜诞生至今已400年了，这期间它不断得到改进，使人们对微生物看得更清楚、更仔细，认识得也更深刻。尽管显微镜造型不同，但原理都是通过透镜的组合将所要观察的物体进行放大。

现在的显微镜一般分为光学显微镜和电子显微镜。光学显微镜通过光线来观察物体，通常可将物像放大约2000倍；电子显微镜则是利用电子波检测物体，可将物体放大10000～30000倍或更高的倍数，通过照像装置最终可放大200000倍以上。随着显微镜技术的进步，人们看到的微生物种类越来越多，体积越来越小。

"大船"已经有了，快去看看"新大陆"是怎么回事吧！

在这个"小人国"里住着"八大金刚"，按大小顺序排列，它们分别是：真菌，放线菌，螺旋体，细菌，支原体，立克次体，衣原体和病毒。对许多人来说细菌和病毒或许还听说过，而对其他几位就生疏了。

要了解它们，首先得看看它们的模样。但看它们可不能像在动物园看大象和猴子那样简单，可以直接用眼睛看，那样你什么也看不见。现在就用得着显微镜了。用光学显微镜可以清楚地看到老大——真菌。老二——放线菌，老三——螺旋体，老四——细菌，老五、老六、老七只能勉强看到，至于老八——病毒则一点儿也看不见了，它太小了，只能用电子显微镜才能看到。

真菌有两种类型，一种叫霉菌，用光学显微镜观察，像是分叉的树枝，这些"树枝"里面有许多圆圆的细胞核；另一种叫酵母菌，看上去像一个个小圆球，每个"小圆球"里面有一个细胞核。霉菌在自然界分布很广，常常引起食品和其他物品发霉、腐烂，酵母菌常常生长在有糖的环境中，如水果、蔬菜、花蜜以及植物的叶子上，特别是果园、葡萄园的土壤中较多。经过加工的酵母菌可以用来做面包和酿酒。除了霉菌和酵母菌这两类只有用显微镜才看得清模样的真菌以外，还有一些更大的真菌，如蘑菇、木耳等。它们肉眼可见，不属于微生物家族，本书将不讨论它们。只是提醒大家注意，真菌除了一部分属于微生物外，还有一部分类似于植物。

接下来看看老二——放线菌。它主要分布于土壤里，空气、淡水、海水中也存在。每克土壤里含有数万个乃至数百万个放线菌。在显微镜下，它与霉菌有些类似，也是像一团分叉的树枝，但没有细胞核，"树枝"比较细而长。放线菌突出的特点是产生抗菌素。

老三——螺旋体长相特别，像是一段比较松弛的弹簧，它可以引起一

青少年百战科普丛书

qingshaonianzrankepu.congushu

生命微观

种常见的性病——梅毒。

细菌是这个"小人国"里的大明星。它的名气最大，人们对它的了解也最多。它在自然界几乎无处不在，空气中、土壤里、江河湖海、动物体内都有它的身影。

它有三种形态，一种为圆球形，叫做球菌；一种为短杆状，叫做杆菌，绝大部分细菌是这种模样；另一种为螺旋状，称为弧菌和螺菌，例如霍乱弧菌和鼠咬热螺菌。细菌中有许多是可以引起人类疾病的，称为病原菌，也叫病菌；而绝大多数细菌不引起疾病，叫做非致病菌。

支原体个体很小，形状多变，可以是球状，也可以是丝状和分枝状。与放线菌、螺旋体和细菌一样，它没有细胞核。从老大到老五都有独立自由生活的能力，老五——支原体是有这种能力的最小的一员，排在后面的小兄弟立克次体、衣原体和病毒不能独立生活，只能靠寄生于其他细胞内而生活。支原体可以引起动物和人类的胸膜肺炎和非典型性肺炎。

立克次体一般生活在动物的细胞内，它的细胞结构与细菌相似。通常寄生在节肢动物如虱、蚤、蜱、螨等的消化道表面的细胞内，并以这些动物为媒介传染给人及其他脊椎动物。立克次体可引起人类患流行性斑疹伤寒。

衣原体可以侵入鸟类、哺乳类动物和人体，寄生在他们的细胞里，形态比立克次体稍小，呈球形，光学显微镜下刚刚可以看见。它可以引起人类患砂眼。

病毒的模样是最特别的。只有由蛋白质和核酸构成的赤裸的颗粒。这些颗粒因寄生的细胞种类不同而长相不同。寄生在动物细胞里的病毒多呈球形、卵圆形或砖形；寄生在植物细胞里的病毒多呈杆状或丝状；而寄生在细菌里的病毒则多为蝌蚪形。这些多姿多彩的形象只有用电子显微镜才能看到。除了细菌，病毒便是微生物中最出名的了，然而它出的尽是恶名，例如天花、肝炎、感冒、脑炎都是它搞的鬼。

微生物王国的国民给人类找了不少麻烦，也做了不少的好事，还给人们留下了一些至今未能回答的问题。

雨水里有"小畜牲"

荷兰有一个风车漆着蓝色、运河高而街道低的城市，它的名字是代尔夫特。1632年一个名叫安东尼·范·列文虎克的男孩降生在这座城市的一位酿酒商的家里。列文虎克父亲早逝，母亲送他去当地学校学习，准备以后当政府官员。然而他在16岁离开学校后，却到阿姆斯特丹一家布店当了学徒。21岁时，他结束了学徒生活，回代尔夫特结了婚，并在家乡开了一家自己的布店。此后20年，他的情况不太明了，只知他除了经营布店，还担任过市政厅的房屋管理员，爱磨透镜，而且爱得着了迷。那时，他被认为是个无知无识的人，手中惟一的一本书是一部荷兰文的圣经。他性情固执，多疑，爱挑剔，精益求精，磨完他认为最好的透镜后，就把它们镶嵌在金银或铜制的小小椭圆形的镜框内，就是这样，终日忙个不停。邻居们以为他失常了。有很长一段时间，他经常深更半夜埋头精工细作，忘了妻子儿女，顾不得朋友，结果他终于找到了磨制小透镜的方法。

这种小透镜的直径不到1/8英寸，匀称完善，使小东西看上去十分清晰而又大得出奇。当时荷兰磨制透镜的商人还有不少，但无人能与他相比，经他的手制出了当时质量最高的透镜——显微镜，其性能远远超过前辈们的作品。列文虎克把他磨制玻璃透镜的方法看作是不可出让的私人秘密。为了制造玻璃透镜，他使用了最好的玻璃和水晶，而最后甚至使用了金刚石。他只许别人当着他的面使用他的显微镜，一刻也不让自己的宝贝脱离控制。

列文虎克虽未接近过系统的自然科学教育，但通过自学他累积了不少动物学知识。他以这些知识为基础，加上异乎寻常的好奇心，开始给他的宝贝显微镜派用场了。凡能到手的东西，他几乎样样拿来看，鲸鱼肌肉纤维，自己的皮肤屑片，牛眼球水晶体，羊毛，海狸毛，麋鹿毛，苍蝇的脑子，十几种树木的断面，植物种子，蜜蜂的螫针，蚊子的长嘴……当他第一次看到跳蚤的刺和虱子的一条腿竟如此完美和惊人时，咕噜了一句："哪有这样的事！"这位奇特的观察家就像一只小狗似的，对身边的一切东嗅嗅，西嗅嗅，好歹不管，香臭不分。

为了便于观察，他制做了几百架显微镜，他反复地看看这个、又看看那个，画了许多图。就这样，列文虎克默默地干了20年，但没有一个读者去阅读他的观察记录。后来，他终于碰到了知音。这位难得的知音是他的同乡——雷尼尔·德·格拉夫，他是一位医生和解剖学家，也是"英国皇家学会"的通讯会员。他看过列文虎克的观察结果，深为震惊。出于对列文虎克的赞赏，和有愧于自己的虚名，他将列文虎克推荐给了"皇家学会"。"皇家学会"请求列文虎克报告他的观察结果。列文虎克回答了"皇家学会"的请求。他写了一封长信，纵谈天下事物，文字质朴有趣，标题是"用列文虎克先生制做的显微镜所作的若干标本观察，有关皮、肉等的构造；蜜蜂的刺及其他"。此后几十年，列文虎克与"皇家学会"通信几百封，其中夹杂谈天说地，对无知邻居的风趣评论，对江湖术士的揭发、戳穿迷信，其中也有他那双不朽的神眼所发现的惊人准确的叙述。为何"皇家学会"有如此耐心呢？

17世纪中叶，在英国学者中产生了一个民间的"无形学院"，其中包括化学祖师罗伯特·波义耳，艾萨克·牛顿等风云人物。他们主张放弃亚里士多德和教皇的教条，重视观察和实验结果。后来英国国王查理二世将这个学术团体平地升天，一跃而贵为"英国皇家学会"。"卑贱"的出身和重视观察、实验的传统，这也许就是"皇家学会"对列文虎克有耐心的原因。这真是科学的幸运。列文虎克长期的观察虽然杂乱无章，但却是迎接那突然到来的辉煌一天不可缺少的功夫准备。

一天，列文虎克在花园里用小玻璃管取了一些雨水装在显微镜的针上，眯眼凝视透镜，突然兴奋地大叫："来，快！雨水里有小动物哪！……它们在游泳！它们在玩耍！它们比我们肉眼所能看到的任何一种小动物都小1000倍……瞧！看我已经发现了什么！"

这是他一生最得意的日子，他发现了微生物世界这块"新大陆"。列文虎克把这些"小动物"叫做"小畜牲"。只是看到了这些"小畜牲"还不能满足他那强烈的好奇心，他还要弄明白它们是从哪里来的。

于是列文虎克拿了一只大瓷盆，洗干净，冒雨出去。放在一只箱子

青少年百础科普丛书

生命微观

上，以免落下的雨水将泥溅进去。再把最初落进盆中的雨水倒掉，使盆子更干净。然后屏息凝神。把后落下的雨水吸一些到细管里，带回书房，用显微镜观察，结果发现里面没有"小畜牲"，说明它们并不是从天上掉下来的。等到了第4天，再次观察这些雨水，发现那些"小畜牲"与灰尘、线头、布屑等物一同出现了。他就是如此寻根究底的。

列文虎克把他的新发现告诉了"皇家学会"，并向他们担保，一个粗糙沙粒中有100万个这种"小畜牲"，而一滴水里则能寄生270万个"小畜牲"。显赫的学会难以相信这一太令人惊奇的报告，于是向他索取制做显微镜的方法，准备重复观察。

列文虎克拒绝了学会的要求，不提供制镜的方法，只表示可以出示证明信。这些证明信出自两位教士，一位公证人和8位值得信任的人之手。学会无可奈何，只得委托它的两位秘书——物理学家罗伯特·胡克（1635-1703）和植物学家内赫迈阿·格鲁去制做一台高质量的显微镜，然后再去验证列文虎克的发现。

列文虎克和胡克的名字发音相似，而且所做工作也有不少共同性，另外胡克还受命验证过列文虎克的发现，这不能不说是件有趣的事情。

罗伯特·胡克是英国物理学家，由于罗伯特·波义耳的推荐，于1662年他得到皇家学会管理员的职位，以后又做了秘书。他是位科学的多面手，曾研究过引力问题；与波义耳一道进行过燃烧试验；提出过有名的胡克弹性定律；成功地在技术上对仪器作了根本的改进；然而他的最重大的成就是在显微镜研究方面。1665年。他发表了他的著作《显微图》，在83个显微镜图上对他的显微镜观察作了说明，这些显微镜图是使用当时的显微镜标本所制出的最好的图。所以说，胡克对微生物学的诞生所起的作用也是非常重大的。

胡克和格鲁用自己制做的显微镜验证了列文虎克的结果，肯定了他的工作。他们边瞧边说，这个人一定是个有法术的观察家。此后不久，皇家学会选列文虎克为会员。

后来，列文虎克还用他那双神眼，借助于老朋友——显微镜的帮助观察了口腔微生物、鱼尾毛细血管、血细胞和精子；若能再多活几十年的话，也许他还能观察更多更多的神奇之物，但自然的法则终究无法逃脱，这位"法术之师"于1723年离开了他眷恋的世界，离开了他亲手制做的显微镜。去世前，他把遗物——400多架显微镜和小型放大镜移交给了皇家学会。1715年至1722年间，他的著作分7卷在莱顿和代尔夫特终于出版了。

列文虎克观察到的那些"小畜牲"直到200年后才被人们认识到，它们是细菌。列文虎克只是看到了微生物，而这些微生物是怎么生活的，它们与人类有什么关系这些问题，他都没有回答。历史把回答这些问题的使命交给了200年后的法国人。

皇帝也不能幸免的天花

很多人提起天花，可能只知道种牛痘可以预防天花，得了天花以后脸上会留下难看的"麻子"，而对天花本身就缺少了解了。

天花是一种古老的疾病，历史上它的流行遍及全球。在古埃及法老拉莫斯五世（公元前1160年）的木乃伊脸上就留有天花斑痕。

天花是由天花病毒引起的一种烈性传染病，天花流行时，男女老少都容易染病。人一旦得了天花，可引起全身脓疱，在4个病人中至少有1个死亡，幸而活下来的，也要留下丑陋的麻坑或者耳聋眼瞎。

公元6世纪非洲就有天花爆发，8世纪已见于欧洲和亚洲，16世纪侵入美洲，18世纪传至大洋洲。

天花流行不仅造成亿万人的死亡，而且还毁灭了一些国家。1520年天花传入阿斯特克帝国，病死了百万人。其后，秘鲁帝国因天花而毁灭。18世纪，欧洲因天花而死亡的人数达1亿5千万以上。

天花流行时，皇帝也不能幸免。在非洲，天花使两名达荷美皇帝毙命；在欧洲，18世纪使五个君主夭折；我国清代顺治皇帝死于天花，康熙皇帝小时候也得过天花。

天花在我国发生于何时，说法不一。根据晋朝葛洪的《肘后方》记载，在公元3、4世纪已有天花流行。至宋、元以后，天花的流行才严重起来。

在天花面前，人类进行了顽强而富有智慧的抗争。早在公元10-11世纪，我国就采用了接种"人痘"以预防天花的方法。在明代《治痘十全》及清代《痘疹定论》中都有关于宋人王旦之子种痘故事的记载。当时的人痘是用病人身上的脓疱结成的痂制成的，这些痂皮里含有天花病毒，用它们接种到人身上便可产生免疫力。避免天花的侵害，当时接种的方法是将痂皮粉末吹到鼻孔里。

到了17世纪，不但我国已经普遍实行用人痘预防天花，而且也引起了邻国的注意。当时俄国等国曾先后派留学生到中国学习种痘技术，因而人痘法很快传入俄国、朝鲜及日本等国，并经俄国传入土耳其。

他们在接种方法上又有了进一步改进，用针刺法代替了其他接种法。当时英国驻土耳其公使的妻子蒙塔古夫人于1721年将人痘法传入英国。在英国曾进行了人体试验，把接种人痘者移居到天花流行区，结果证明接种者都获得了免疫力。此后人痘法在英国很快得到了发展。可以认为近代免疫学的发展是从我国的人痘苗开始的。

尽管人痘菌苗可以预防天花，但它也不是万无一失的，为了弥补人痘苗的不足，人们被迫去研究天花的病因，结果发现了牛痘苗。牛痘苗于1804年传入我国后很快便代替了人痘苗。

牛痘苗的发明归功于英国医生爱德华·琴纳（1798年）。但在他发明之前，英国已经有人注意到牛痘能抵抗天花的事实。在18世纪天花流行时，在英国的奶牛群中牛痘也很猖獗。如挤奶的人手上有伤口，牛痘也可由牛传染给人，但不引起全身感染。只发生局部痘疮。他们还发现凡是患过牛痘的人，再接种天花浆也不会得病。

1774年英国农民杰斯蒂曾将牛痘浆用针刺法给他的家人接种。1791年英国的一位教师波里特已知用牛痘和人痘都能预防天花，并且在他的小孩手上种了牛痘。

这些观察都不够系统，因而缺乏足够的说服力。琴纳在观察到一个挤奶女工得过牛痘之后不再得天花的事实后，通过对牛痘苗的长期系统的实验，确证牛痘可以预防天花。同时证明牛痘一经给人接种后，只引起局部的反应，对人的毒力并不增加。他在1798年发表了他的牛痘苗著作，为人类传染病的预防指出了人工免疫的可能性。这对于以后巴斯德制备炭疽和狂犬减毒疫苗产生了巨大影响。科学就是这样一环扣一环地向前发展。

1958年，第十一次世界卫生大会通过了全球开展扑灭天花运动的决议，但在其后的8年中收效不大。1966年，第十九次世界卫生大会又决定开展全球性大规模扑灭天花运动，由于采取了一系列有效措施，至1977年在全世界扑灭了天花。人类从此摆脱了天花的灾祸。

全球扑灭天花，就消灭一个传染病而言，是一个伟大创举，其成就是无比的。同时，也为控制和消灭其他类似性质的传染病树立了榜样，提供了经验。

吞噬细胞发现记

病菌在自然界分布很广，人很容易与它们相遇，但为什么生病的只是其中的一部分人呢？原来，我们的身体里有一种细胞，像哨兵一样在体内巡逻，一旦发现了病菌，就会把它们吃掉，这样我们就幸免于难了。除非我们的"哨兵"太少或者战斗力不强，吃不掉病菌，病菌才会在机体内大量增殖，引起疾病。现在，这种微妙的细胞是怎么一回事？人类是怎么发现它们的呢？

伊利亚·梅契尼科夫，犹太人，1845年生于俄国南方的哈尔科夫附近。他还不到20岁时就说："我有热诚和才能，我天资不凡，我有雄心壮心，要做一个出类拔萃的科学家！"

他上哈尔科夫大学时，向他的教授借来一架当时很稀罕的显微镜，模模糊糊看过之后，这个有雄心的青年便坐下来写长篇的"科学论文"了，其实他还不知道科学是怎么回事呢！

他几个月不去上课，沉迷于"蛋白质结晶"的学术著作中，同时热衷于阅读有煽动性的小册子，这些小册子一旦被警察发现，就会把他送到西伯利亚矿山去做苦工。他深夜不睡，喝掉几大壶茶，与年轻的朋友们高谈阔论，宣扬无神论。到学期快要结束的前几天，他把荒废了几个月的学业一古脑地塞进了脑子。惊人的记忆力帮了他的忙，结果他竟考了第一，获得金质奖章。

梅契尼科夫总是"不自量力"，不到20岁就向科学刊物投稿。他用显微镜看过某种甲虫以后的几小时。就急急忙忙地大写关于这种甲虫的文章，第二天再看看它们，却发现他昨天那么肯定了的东西，今天却完全不是那么一回事。于是他赶快写信给科学刊物的编辑，说："昨天寄的稿子请勿发表。我发现我弄错了。"

有时他会因自己的才华不被人赞赏而想去死，但强烈的对一切生物的兴趣救了他，使他在研究中忘记了自杀的计划。

梅契尼科夫是乌克兰农家子弟，17岁进入哈尔科夫大学学习，但仅读了两年便去德国留学，后来成了欧洲很有成就的青年动物学家。他爱自己和祖国，接受了圣彼得堡大学之聘。谁料昏庸的帝俄在那个年头，已不再重视学者，他出逃了。1882年秋末，一艘海船被扣在敖德萨港（乌克兰）里，船上的乘客被帝俄钦差和他们那些狗仗人势蛮横无比的兵丁一一盘查搜索。

一个30来岁的商人，刚被兵丁翻箱笼地盘查过，正闷闷地呵着腰，收拾他的行李，站在边上的帝俄军官，好像也有点过意不去，抽着一支雪茄跟这位商人攀谈起来。"我们临时接到密令，说是一个大学教授，积欠田赋，抗不缴纳。听说他逃跑了。……"

那商人插嘴道："他要逃早逃了，何至于搭最末的一班船？"

那军官耸耸肩，咬着雪茄咧着嘴说"他逃了，田地也就充公了。我想那逃犯是个书呆子。当局恼火的是他说错了一句话。"

那商人用耳朵听着，不敢接腔。军官继续说道："那在逃的教授，去年在圣彼得堡教书时，对学生们说，做皇帝的人如果搅扰学者的研究，便是自取毁灭。……好，这船我们已经搜索遍了，诚如你说，那个梅契尼科夫教授要逃的话早逃了。再见，我们算是尽了职，可以上岸交差去了。"

事实上，这商人正是梅契尼科夫教授乔装的！他忍受不了帝俄的暴政和阻挠治学、派爪牙暗中监视的行为，而发表了一些言论。由圣彼得堡大学转到敖德萨大学，在那里教动物学及解剖学时，曾数度申请出国进修被驳，他才不得不化装逃亡。

梅契尼科夫来到了地中海的西西里岛。这时正是巴斯德和科赫的发现使大家对微生物像着了魔似的时候，他凭直觉知道微生物现在成了科学上的大事情，他梦想获得微生物的伟大的新发现，然而当时他还从未看见过微生物，也完全不知道研究微生物的方法。

但这位奇才还是凭着他想做出新发现的强烈愿望从动物学家转而成为微生物研究者。在西西里岛上，他跟着一位留学德国的法国同学终日躲在实验室里，埋头于微生物以及各种病菌的本性和习惯的研究。整整6年工夫不闻不问世事，人们几乎忘掉了这人间还有他这么一个人。

　　有一天，梅契尼科夫开始研究海星和海绵消化食物的方法。好久以前，他已发现这些动物体内有一些奇怪的细胞，它们自由自在，在体内游起就像是小变形虫一样。他把一些洋红色的颗粒放进了一只海星的幼体内，因为海星幼体透明得如同一扇净的玻璃窗，因此他能通过透镜看清楚这动物体内所发生的一切。他兴高采烈地看着那些爬着的自由自在的细胞，在海星体内趋向洋红色的颗粒，把它们吃掉了！

　　这时，一个改变他整个生涯的念头在他的大脑中一闪，"在海星幼体内的这些游走细胞吃食物，他们吞下了洋红色的颗粒，那么它们也一定吃掉微生物侵犯的东西！我们的游走细胞就是保护海星免受微生物侵犯的东西！我们的游走细胞血液中的白细胞也一定会吃掉微生物，它们就是对疾病免疫的原因……使人类不受杆菌杀戮的就是它们！"

　　以后他又用玫瑰去扎小海星，结果不出所料，他发现在海星体内，围绕着玫瑰刺周围的，是一堆懒洋洋的海星游走细胞。于是他向在西西里岛这个港口城市的欧洲各位教授们说明了他的卓见："这就是动物经受得住微生物攻击的原因。"

　　接着，梅契尼科夫给他发现的游走细胞起了个希腊文名称——吞噬细胞。后来为了充实他的吞噬细胞理论，他又做了许多实验在欧洲大陆，他的理论遭到一些学者的反对。梅契尼科夫去巴黎访问了巴斯德；畅谈了他的吞噬细胞理论，将吞噬细胞与微生物之间的斗争讲得活灵活现，有声有色……巴斯德听完后说道："梅契尼科夫教授，我与你所见略同。我曾观察到的种种微生物之间的斗争，使我深有所感，我相信你走的路是正确的。"

　　梅契尼科夫闯进了庄严的巴斯德研究所，历时20年。到了晚年，梅契尼科夫把他一生的心得，写成一部《人之本性》。这是现代医药宝典之一，其中对微生物与人类的生死攸关阐述得非常详尽。在生活上，他也严格遵守自己的新理论，不让自己的免疫功能受到影响，他不吸烟、不喝酒、不过放纵生活，常喝酸牛奶，并时常检查自己的大小便和各种体液。他活到91岁时去世。

　　梅契尼科夫是细胞免疫理论的创始人，他的理论为推动微生物学的发展做出了巨大的贡献。因此，于1908年荣获诺贝尔医学和生理学奖。

感冒是怎么回事

　　每年冬天，尤其是刚刚入冬的时节，你的耳边便会时常响起"啊嚏"之声，回首望去，啊嚏者又往往正在用手绢擦眼看就要流到嘴里去的长长的鼻涕。你若大模大样地走到啊嚏者面前关切地问他怎么了？他会告诉你，他嗓子发干，鼻子不通，头痛，浑身不舒服。过不了多久，你便也成了另一个啊嚏者。原来，你被那位擦鼻涕的先生传染上了。你们都已经加入了感冒者的行列，也就是"伤风"的行列。

　　谈起感冒，人人都很熟悉，几乎没有人敢说他没有"啊嚏"过。甚至有的人年年感冒，或者每年感冒好几次。感冒虽然不是什么严重疾病，但也对健康有不利的影响，经常反复的感冒仍能够削弱人们的体质，影响人们的生活和工作。尤其是那些患有心脏病、癌症或其他重病的人，往往感冒能够加重病情，甚至引起致命性的严重后果；孕妇一旦感冒，便会增加腹中孩子出现先天性疾病和畸形的危险性。所以不能轻视感冒，应该积极地预防这种可能引起大祸的"小病"。

　　感冒是由病毒引起的一类疾病。像天花、麻疹这样的病毒病，人得过一次就能终生免疫，不再重得，但感冒为什么却能一得再得，而产生不了免疫力呢？原来，引起感冒的病毒不像天花、麻疹那样只有一种，而是有多种。最常见的是鼻病毒，其次为副流感病毒，呼吸道合胞病毒，埃可病毒，柯萨奇病毒等等。因此，不仅得过感冒后获不了有效的免疫力，而且无法制造实用的疫苗进行预防。只能靠平时注意营养和休息，加强体育锻炼来增加体质和对寒冷的适应能力了。

　　感冒很有规律，一般情况下5-7天就能自动痊愈。由于对于病毒病目前还没有特效药物进行治疗，所以感冒时医生常告诉你"多喝开水、多休息。"这的确是一条有效而可靠的忠告。你如果这么做了，不吃任何药也能较快的痊愈；如果没有这么做，就是把各种声称能治感冒的药全吃遍，也无济于事。

感冒的传染性很强，除了提高身体抵抗力以外，冬季还应避免去人多拥挤、空气污浊的地方；避免与感冒患者直接面对面的谈话，因为感冒是通过飞沫经空气传染的；出门时，别忘记戴上口罩；保持房间空气新鲜，并时常用食醋蒸熏房间。

面包发酵的秘密

在食品店里，奶油面包、果料面包、巧克力面包、方面包、圆面包、长面包、甜味面包、咸味面包、无味面包……真是五花八门，令人眼花缭乱。这些美味可口的面包与我们的生活越来越紧密了。你知道吗？面包并不都是从西方传来的，其实，我们几乎每天都离不开的馒头也是面包的一种，只是模样与前面提到的那些面包有所不同而已。

为什么馒头与面包的模样不一样呢？那么它们的本质是否相同？这个本质又是什么呢？如果你回答了这几个问题，你就了解了面包的秘密。

面包和馒头都是用面粉制成的。面粉的主要成分是一种叫作淀粉的多糖（物质），这种多糖是由葡萄糖构成的。两个葡萄糖分子脱去一个分子水、结合在一起时，就叫做麦芽糖，这种连在一起的葡萄糖一旦多起来，就是淀粉了。光有面粉还制不成面包，还需要酵母菌帮忙。还需要用水把面粉、酵母菌混合在一起。如果你有了一个面团，就可以看看面团会发生什么样的变化。

要想做好面包，就得先照顾好这个面团。得使它通气，不能放在一点儿不透气的容器里，还要给它保温，不能让它受凉。还得让它静静地睡一觉，先别打搅它。

它睡了半天了，该醒来了！让我们看看有什么变化。这时你会发现，面团长大了，变松软了，撕一块面团闻一闻，会有一股酸味儿，把手伸进面团中心会觉得它正发热。仔细看看，会发现面团中有许多小空泡。这是怎么回事呢？原来，面团在"睡觉"的过程中，它的淀粉被谷物中的酶分解成麦芽糖，然后再进一步分解为葡萄糖。这时酵母菌中的葡萄糖酶使淀粉中的一部分葡萄糖氧化，产生二氧化碳和水，并生产热量，二氧化碳气体充填在面团里。结果使它的体积变大，质地松软，撕开有小泡；二氧化碳与水结合形成碳酸，结果使面团发酸，产生的热使面团发热。这时为了使面团不发酵，往往加入一些小苏打进行中和。把如此这般处理过的面团放在烤箱里去烤，其产品就是面包，如果此时把面团放在蒸笼里去蒸，其产品便是我们所熟悉的馒头了。

用微生物消灭害虫

昆虫是地球上种类最多，数量最大的动物种群，全球有昆虫100多万群。像辛勤的蜜蜂，美丽的蝴蝶，轻巧的蜻蜓。肮脏的苍蝇，传播疾病的蚊子，以及嚼食菜叶的菜青虫、蛀心枯苗的螟虫等等都是昆虫。这些昆虫与人类的关系密切，有益也有害。像蜜蜂、蛾、蝶这样的昆虫能够传送花粉，使许多种植物受粉结果；许多甲虫和蝇类在食粪和食尸的同时，帮助人类清扫了环境，在自然界的物质循环中发挥了一定的作用；食肉性昆虫如螳螂、草蛉、某些瓢虫等能捕食害虫；至于蜜蜂、家蚕、紫胶虫及某些介壳虫则是蜂蜜、蚕丝、紫胶和白腊的产生者，有重要的经济价值。这些昆虫都是益虫，是我们人类的朋友，我们应该友好相处，必要时，还要保护它们。

另外还有一些昆虫却干尽了坏事，如苍蝇传播痢疾、鼠疫、斑疹伤寒、黄热病等。直到目前，在许多国家，每年仍有成千上万的人死于昆虫传播的传染性疾病。除了人和动物，植物病尤其是病毒性植物病大多是由昆虫传播的，例如，几种叶蝉可以传播水稻矮缩病和黄矮病；小麦红矮病，马铃薯、芜青、豌豆、烟草及划果的花叶病是由各种蚜虫传播的。

大约有50%的昆虫吃植物，水稻因虫害每年减产10%以上，小麦减产20%，棉花则减产20—30%。据史书记载，我国唐朝贞元元年（公元785年），蝗虫多而成灾，遮天蔽日，草木树叶甚至家畜身上的毛都被吃光；元朝至正十九年（公元1359年），蝗虫大发生，人马不能行，沟坑尽填平，庄稼被啮食一空，造成严重饥荒。

1936年，非洲肯尼亚的一个地区，蜂拥的蝗群连续三天飞过，当它们落在森林中时，树枝在重压下折断，发生巨大的断裂声，以至很远的地方都可听到。

1954年湖南松毛虫成灾，被害面积达5百万亩，严重的地区，毛虫遍地，四处爬行，行人走路都感困难。

这真是一个个令人毛骨悚然的故事，小小昆虫的破坏力真是大得异乎寻常。人类为了自身的利益，也为了自然界的平衡，别无选择，只有想办法消灭这些害虫。

为了消灭害虫，人们想出了两个办法。一个办法是生产化学药品，也就是农药，用来杀虫；另一个办法是利用微生物能够感染昆虫，引起昆虫病害，从而将其杀死的特性。进行生物杀虫。这两个办法哪一个更好呢？长期的实践表明，生物杀虫法是其中比较好的办法，它的优点是：对脊椎动物和人类无害；不污染环境；保护害虫的天敌；对植物无害；昆虫不易产生抗药性；有自然传播感染的能力；容易进行生产。这些优点都是与化学杀虫法相比较而言的，但这种方法也有缺点，它的作用没有化学法快；受环境条件影响大；不能解决所有虫害的问题；因而它还不能完全取代化学杀虫法，必要的、合理的化学防治仍很重要。

让我们看看人类是怎样利用微生物来杀灭害虫的。

伟大的微生物猎手巴斯德曾经发现家蚕能够被两种微生物感染。以后又陆续发现有不少微生物可感染昆虫，这些微生物是影响自然界昆虫种群动态变化的重要因素。这些致病性微生物包括病毒、细菌、真菌、原生动物、线虫、立克次体等。

最初人们只是考虑如何控制这些微生物对昆虫的病害，从而达到保护益虫的目的。后来才逐渐从反面来看问题，尝试用微生物来杀灭害虫。100多年前，俄国微生物学家梅契尼科夫利用绿僵菌防治小麦金龟子幼虫，这是生物杀虫的开始。

由于这次试验的效果不稳定，人们的热情下降；1901年石渡从家蚕中分离出猝倒杆菌，但未考虑应用它去杀虫；直到1911年贝林纳从在仓库害虫——地中海粉螟中分离出致病孢杆菌——苏云金杆菌，才再度引起人们用微生物杀虫的注意。

20世纪40年代由于DDT等化学刹虫剂的时兴而影响了生物杀虫剂的发展，后来发现化学刹虫剂有许多副作用，而且这方面的发展很快。20世纪70年代，在基础和应用两方面都有大步的发展。我国已有多种高级的杀虫菌株和毒株，杀虫剂产量为年产40吨以上，防治面积达3000多万亩。防治农、林、蔬、果上的数十种害虫，效果良好，已成为植物保护工作中的重要组成部分。

哪些病原微生物可以用作生产杀虫剂呢？用作杀虫剂的微生物要有强致病力；便于生产和贮存；能迅速传播、杀虫；维持时间长；成本低；对人、畜及有益动物安全；对植物不产生药害。

苏云金杆菌是目前使用最广的一种杀虫剂。它的毒力很强，很又具有广泛的杀虫范围。它可毒杀570来种鳞翅目昆虫，还可感染一些鞘翅目、膜翅目及直翅目的昆虫。苏云金杆菌侵入昆虫体内后大量繁殖造成败血症，同时产生伴孢晶体毒素，导致昆虫死亡。

抗生素家族

　　1928年，弗莱明发现了青霉菌的杀菌现象；弗洛里和蔡恩于20世纪30年代首次成功地提纯青霉素堪称文明史上最伟大的发现之一。

　　青霉素刚刚被临床使用，人们便清楚地看到了它的巨大价值，许多化学家和生物学家投身这项工作，一方面完善和改进青霉素的生产技术，另一方面积极寻找新的抗生素。之后数年几乎找到2000多种不同的抗生素，而且每年都有新品种和出产，产量也完全能够满足各种需要。这种当年贵似黄金的"神药"何以能变为一般的普通药物吗？这得归功于现代医药生产技术的进步。

　　生产抗生素有两类方法：一类是发酵法，就是用微生物在发酵罐中生长、产生抗生素，然后再分离纯化这些抗生素的方法；另一类是化学合成法。首先将需合成的抗生素的化学结构分析清楚，然后按照这个结构去进行化学合成。实践表明，这种化学合成的抗生素也是具有良好抗菌作用的物质。

　　作为基本的抗生素生产技术，微生物发酵法依然发挥着巨大作用，而日常使用的抗生素大部分还是利用微生物发酵法进行生产的。只是某些利用发酵法无法制得，或者希望在天然抗生素基础上再加强某些作用时，方才使用化学合成法制造抗生素，这种方法产量低而且成本高。

　　青霉菌和链霉菌是生产抗生素的主要菌株。尤其是链霉菌，它可以生产数百种抗生素，简直是一架天然的抗生素机器，受到医药界的青睐。

　　青霉菌，就是弗莱明首次观察到有杀伤细菌作用的那种微生物。它是一种霉菌，在自然界分布很广，无孔不入，而且生命力极强，在环境很恶劣的情况下也能生存下来，它常常给科学家们捣蛋，造成实验室的污染，有时钻进温箱，建立自己的根据地，有时钻进细胞培养瓶，把科学家辛辛苦苦培养起来的细胞弄得一塌糊涂。使他们不得不从头做起。不过这种破坏活动偶而也会给科学家带来幸运，例如，弗莱明就是从青霉菌的破坏活动中做出了划时代的发现，使它由破坏分子变为造福人类的功臣。

链霉菌是放线菌中的一员，多分布在土壤里，它生长旺盛时形成放射状排列的细丝，没有霉菌那样的细胞核，尽管长得像霉菌，但本质上却还是属于"原核生物"，与细菌的特性更加接近。

1940年以前就有人曾注意到链霉菌能产生抗菌物质，但没有引起重视。直到发现了青霉素、并开始使用青霉素后，人们才重新注意起链霉菌产生抗菌物质的特性来了。首先美国的S.A.瓦克斯曼从灰色链霉菌中分离出具有抗结核杆菌作用的链霉素，改变了结核病无药可治的局面，给无数结核病患者带来了福音。

抗生素的生产仍然是当前医药界的重要任务之一。由于许多微生物对已有的老药可以产生不同程度的抗药性，就是说久而久之对这些药产生了"免疫力"，一些过去很有效的抗生素如今效力下降，有的甚至完全失败。这就需要不断有新的抗生素出场，取代已经失效的老抗生素，去完成杀灭有害微生物、保护人类健康的神圣使命。

青少年首级科普丛书

qingshaonianzankepucongshu

生命微观

与生物和平共处的微生物

在整个生物世界，各种生物类群彼此之间都存在着千丝万缕的微妙关系，它们都不是孤零零地生活在地球上的。微生物也是一样，它们常常与动物、植物或者其他微生物共同生活，形成密切的关系。

比如，人和动植物的疾病是由微生物引起的，但这些致病的微生物在所有的微生物中只是一小部分，而绝大部分微生物还是无害的。然而，许多已经存在的微生物，我们还不认识，已经发现的许多微生物与我们人类的关系也还不清楚。认识是无止境的。

科学家们发现，在我们每一个健康人的皮肤上、口腔里、胃肠道、呼吸道等器官里都生活着成千上万，甚至数也数不清的微生物，而胃肠道里面的微生物数量和种类最多，如果把胃肠道里的微生物全部集中起来称一下，它们足有1千克重呢！谁会想到呢？自然界真是太奇妙了！但这些微生物与我们友好相处，不引起疾病。它靠我们体内的营养而生活，同时也给我们帮些忙，有些细菌帮助人体消化那些靠胃和肠不能完全消化的东西；有些细菌帮助分解某些有毒的物质，以防人体中毒；有些微生物还能产生某些维生素供给人体、以保证健康；还有些微生物能帮助人体消灭那些从外在侵入的能够引起疾病的微生物等等，它们的功绩还有许多。如果什么时候，体内的这些微生物的某些成员减少了，我们反倒会生病呢！

在其他动物的体表和体内，也与我们人类一样，存在着许多的微生物，它们共同生活，互相帮助，非常愉快。

在植物里面，这种情况也很普遍。在豆科植物的根部生长着一种细菌，叫根瘤菌。它一方面靠这些豆科植物提供养料，另一方面能够把空气中的氮气直接转化为植物能够利用的合成蛋白质的原料，使这些植物得以茁壮成长。而一般植物是无法直接利用空气中的氮气的，它们只能利用土壤里面的氮来合成自己所需要的蛋白质，而土壤里的氮远远没有空气中的氮丰富，尤其是那些不太肥沃的土地含氮量就更少。这种根瘤菌也被叫做固氮菌，现在这种菌深受农业科学家的青睐，他们希望把这些奇特的宝贝细菌结合到豆科以外的其他作物上去，这样，产量就会大幅度提高，但要实现这一点，还有困难。但总有一天，人类会把细菌的这种优点进一步扩大，为我们的生活带来更多的财富。

除火山外遍布地球

微生物是地球上最早的"居民"。假如把地球演化到今天的历史浓缩到一天，地球诞生是24小时中的零点，那么。地球的首批居民——厌氧异养细菌在早晨7点钟降生；午后13点左右，出现了好氧性异养细菌；鱼和陆生植物产生于晚上22点；而人类要在这一天的最后一分钟才出现。

微生物所以能在地球上最早出现，又延续至今，这与它们持有食量大、食谱广、繁殖快和抗性高等有关。

个儿越小，"胃口"越大，这是生物界的普遍规律。微生物的结构非常简单，一个细胞或是分化成简单的一群细胞，就是一个能够独立生活的生物体，承担了生命活动的全部功能。它们个儿虽小，但整个体表都具有吸收营养物质的机能，这就使它们的"胃口"变得分外庞大。如果将一个细菌在一小时内消耗的粮食按比例换算成一个人要吃的粮食，那么，这个人得吃五百年。

微生物不仅食量大，而且无所不"吃"。地球上已有的有机物和无机物，它们都百吃不厌，就连化学家合成的最新颖复杂的有机分子，也都难逃微生物之"口"。人们把那些只"吃"现成有机物质的微生物，称为有机营养型或异养型微生物；把另一些靠二氧化碳和碳酸盐自食其力的微生物，叫无机营养型或自养型微生物。

微生物不分雌雄，它的繁殖方式也与众不同。以细菌家族的成员来说，它们是靠自身分裂来繁衍后代的，只要条件适宜，通常20分钟就能分裂一次，一分为二，二变为四，四分为八……就这样成倍地分裂下去将产生天文数字。虽然这种呈几何级数的繁衍，常常受环境、食物等条件的限制实际上不可能实现，即使这样，也足以使动植物望尘莫及了。

微生物具有极强的抗热、抗寒、抗盐、抗干燥、抗酸、抗碱、抗缺氧、抗压、抗辐射及抗毒物等能力。因而。从1万米深、水压高达1140个大气压的太平洋底到8.5万米高的大气层；从炎热的赤道海域到寒冷的南极冰川；从高盐度的死海到强酸和强碱性环境，都可以找到微生物的踪迹。由于微生物只怕"明火"，所以地球上除活火山口以外，都是它们的领地。

微生物不仅会吃，而且还贪睡。据报道，在埃及金字塔中三四千年的木乃伊上仍有活细菌。微生物的休眠本领也令人惊叹不已。

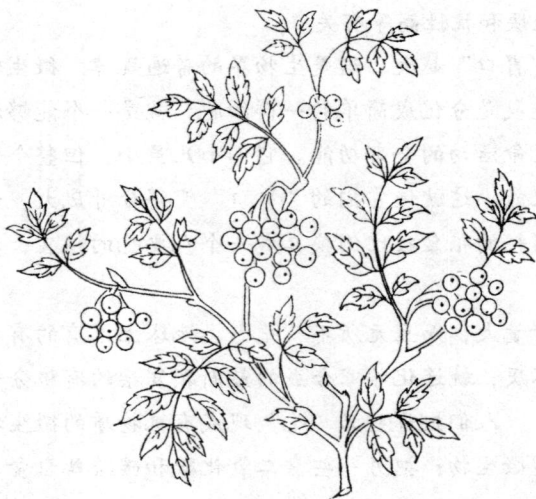

给植物供氮的根瘤菌

　　氮是植物生长不可缺少的"维生素"，是合成蛋白质的主要来源。固氮菌擅长空中取氮，它们能把空气中植物无法吸收的氮气转化成氮肥，源源不断地供植物享用。

　　在形形色色的固氮菌中，名声最大的要数根瘤菌了。根瘤菌平常生活在土壤中，以动植物残体为养料，自由自在地过着"腐生生活"。当土壤中有相应的豆科植物生长时。根瘤菌便迅速向它的根部靠拢，并从根毛弯曲处进入根部。豆科植物的根部细胞在根瘤菌的刺激下加速分裂、膨大，形成了大大小小的"瘤子"，为根瘤菌提供了理想的活动场所，同时还供应丰富的养料，让根瘤菌生长繁殖。根瘤菌又会卖力地从空气中吸收氮气，为豆科植物制作"氮餐"，使它们枝繁叶茂，欣欣向荣。这样，根瘤菌与豆科植物结成了共生关系，因此人们也把根瘤菌叫共生固氮菌。根瘤菌生产的氮肥不仅可以满足豆科植物的需要，而且还能分出一些来帮助"远亲近邻"，储存一部分留给"晚辈"，所以我国历来有种豆肥田的习惯。

　　还有一些固氮菌，比如圆褐固氮菌，它们不住在植物体内，能自己从空气中吸收氮气，繁殖后代，死后将遗体"捐赠"给植物，使植物得到大量氮肥。这类固氮菌叫它生固氮菌。

　　氮气是空气中的主要成分，占空气总重量的五分之四。然而由于氮分子被三条"绳索"——化学键所束缚，因昆大部分植物只能"望氮兴叹"。固氮菌的本领在于它有一把"神刀"——固氮酶，可以轻易地切断束缚氮分子的化学键，把氮分子变为能被植物消化、吸收的氮原子。

　　人类生产氮肥使用的化学方法，不仅需要高温、高压等非常苛刻的条件，而且还浪费大量原料，氮分子的有效利用率很低。固氮菌每年从空气中约固定1.5亿吨氮肥，是全世界生产氮肥总量的几倍。所以，科学家之后认真地研究固氮酶的构成。我国科学家在20世纪70年代仿制出与固氮酶功能相似、能够固氮的分子。相信在不远的将来，人类一定学会并利用固氮菌"巧施氮肥"的本领。

新型肉——单细胞蛋白

青少年自然科普丛书

qingshaonianziranjpucongshu

生命微观

尽管有些人不喜欢吃肉，但在多数人眼中肉还是好东西，尤其是"瘦肉"，更是受人欢迎。有不少科学家专门研究培育瘦肉型猪的方法，其目的也是为社会供应更多更好的瘦肉。

为什么越来越多的人对瘦肉感兴趣呢？也许不少人会说，瘦肉油少不腻，吃起来可口。这个回答不错。但只知道这一点就有些浅薄了。从营养学的意义上讲。瘦肉的营养价值比肥肉要大。

瘦肉主要的成分是蛋白质，还有一些糖类、水分和矿物质，以及少量的脂肪；而肥肉则绝大部分都是脂肪，其他成分很少。

糖、脂肪和蛋白质被称为"三大营养素"，对有机体来说都是需要的，而且还应使它们三者的比例适当，但就营养价值和需要量来讲，蛋白质当推首位。在发达国家倡导的饮食原则是"高蛋白、高热量、低脂肪"，在他们的餐桌上，肉食占很大比例，而面包、米饭则只是一点点；而发展中国家则恰好相反，面食、米食一大堆，而肉食只有一点点。

随着生活水平的提高，肉食的比重在不断增加，而相应的面食、米食比重则减少。在这里，肉食就是蛋白质，而面食、米食是则是糖类。

要提高肉食比重谈何容易。要想多产肉，就得多养家禽、家畜，这就需要粮食和牧草，就需要大量的土地作为基础。而如今，地球上人满为患，耕地、牧草严重不足，且有减少趋势。靠增产粮食，发展畜牧业来提高肉食供应量，实在难以满足日益增长的人口的需要。

为了缓解这一矛盾，科学家们提出过向海洋要肉吃的策略。主张大力发展海洋捕捞和养殖事业，以海味弥补土地的不足。这的确是一个不错的办法。但实施起来困难比较大，况且海洋生物资源也不是无穷无尽的，只依靠它也不是出路，还需要更多更新的办法。此时，微生物再次高喊："让我试一试！"

石油是地球上储量丰富，开采方便，用途极广的一种宝贵资源。不仅用作能源和化工原料。现在科学家们又可以用它来做肉了。怎么还能用石油做肉呢？

　　原来，这里采用了一种石油发酵的技术，将酵母菌与石油共同装在发酵罐中，在一定条件下，酵母菌利用自身的酶裂解石油，将石油的成分加工转化为一种酵母蛋白质，把这些酵母蛋白质通过一定的工艺手法就制成了营养价值不亚于牛、羊、猪肉的新型肉——单细胞蛋白。

充满活力的生物工程

世纪之交总是多事之秋。19世纪末、20世纪初出现了经典物理学理论的危机，和以普朗克的量子论和爱因斯坦的相对论为代表的新物理学革命。这次科学风暴扫除了旧时代思想的阴云，迎来了新世纪文明的曙光，深刻地影响了20世纪学术界和社会公众的思维方法和行为规范。

到了20世纪90年代，一场新技术革命的浪潮正波澜壮阔地在全球范围内展开，20世纪和21世纪相交的多事之秋又已到来，校园里在谈新浪潮，街道边有人在说高技术。究竟是怎么样的高技术如此让人着迷呢？关于高技术的说法有好多种，包括的门类也有差异，但有两项则是公认的，势必领导下一代产业的技术：微电子技术和生物工程技术。

生物工程是指那些运用生物学原理和方法结合现代工艺进行产品开发与生产的技术。它包括四个主要领域：遗传工程，细胞工程，酶工程和发酵工程。而其中的核心则是遗传工程。什么是遗传工程呢？就是将其他生物的遗传物质引入某种生物细胞，不同程度地与细胞中原有遗传物质结合在一起，它们共同作用，从而使细胞产生出新的性状的技术。它也被称为基因重组技术。

为什么说在这项技术中，噬菌体和大肠杆菌是明星呢？请看看遗传工程的历史，便不难理解这一点了。

1977年，美国科学家将动物的一种激素——生长素释放抑制因子的基因转入了一种从动物肠道里分离出的杆菌——大肠杆菌的细胞里，并使大肠杆菌生产出了这种激素。这种激素要用来治疗肢端肥大症和高血糖症。这种激素在正常情况下分布在动物的下丘脑，以往要生产5毫克这种激素，需用50万只绵羊的脑子，可见这种药是价值连城的，人们几乎用不起它。

用遗传工程方法生产同样的激素，只要用9升细菌培养液就可生产出

5毫克产品。同年5月，美国加州大学把老鼠的胰岛素基因转入大肠杆菌中，结果使大肠杆菌产生了老鼠的胰岛素。这就是遗传工程，用细菌生产动物的激素，这样做既简便，又经济，而完成这一重大使命的细菌就是我们的明星之一——大肠杆菌。

　　大肠杆菌一般生活在人和哺乳动物的肠道里，一般不致病，是身体正常菌群的成员之一。在体外也很容易存活，在一般的培养基上就能很好地生长。遗传工程学家之所以选中了它，除了其他生物学特性外，容易获得，容易培养也是重要的原因。

　　我们要谈的另一个明星——噬菌体在遗传工程中扮演什么角色呢？噬菌体是专门在细菌中生活的一种病毒，有一类噬菌体侵入细菌后，快速增殖，并裂解细菌。这种噬菌体叫做烈性噬菌体；噬菌体还有一个特点就是具有专一性，一种噬菌体只在一种细菌中生活，而不能在另一种细菌中生活。λ噬菌体是一种大肠杆菌的温和噬菌体，它是遗传工程中极好的载体分子，就是担当把动物的基因搬运进大肠杆菌细胞的搬运工角色。如果没有它，遗传工程就无法正常运转了。

　　可见遗传工程是前景光明，用途非洲广泛的新技术，而这项技术主要是依靠微生物的作用而发展起来的。微生物在生命科学中的重要地位在此又得到一次证明。

　　除了大肠杆菌和噬菌体，已有不少其他微生物随后进入了遗传工程领域，例姐，枯草杆菌、酵母菌、玉米黑粉菌等。微生物还将在遗传工程发挥更大的作用。

艾滋病是现代凶魔

在已经拥有强有力的抗生素、各种免疫疫苗以及其他多种与当代文明相适应的卫生设施和卫生习惯的今天，像过去鼠疫、天花那样能够毁城亡国的大瘟疫已不可怕了，因为它们已经被消灭或者基本上被消灭了。瘟疫的时代虽然已经过去，人们仍然不能大意，新的危机仍然潜伏着等待爆发。

1981年1月哥特里布教授在美国洛杉矶加州医学中心见到一位病人，病人说他吞咽食物困难，要求治疗口腔和食道的念珠菌感染。此外，病人还发热、疲力、体重下降，收住院后查出患有卡氏肺囊虫肺炎，抢救无效，两周后死亡。随后又连续发现了一些类似的病人。有四个病人都是很健壮的30岁左右的男同性恋者。

歌特里布意识到这是不寻常的发现，报告了美国疾病控制中心。疾病控制中心于同年6月在"疫情周报"上作了正式报道，这就是世界上首批艾滋病的病例报告。报告发表后，类似的病例很快被陆续发现，至1982年末已有美国15个州、哥伦比亚特区以及两个其他国家发现了艾滋病。根据回顾调查，本病至少在1978年就已在美国出现，不过未被认识。1981年以来，艾滋病在美国的发病人数每半年到一年翻一番，而且也在世界其他地区迅速蔓延。至1988年11月已有142个国家向世界卫生组织（WHO）报告了艾滋病疫情，患者人数超过12万人，感染者达500-1000人，其中美国最多，占3/4，往后依次为法国、巴西、加拿大、海地、西德、英国和澳大利亚，亚洲国家最少。

美国虽然最早报告了病例，但它不是该病的发源地，目前认为艾滋病的发源在中非地区，那里被称为"艾滋病带"（AIDS belt）。

上述情况在全世界引起很大震动，一些西方国家大量耸人听闻的新闻报道曾在公众中引起恐慌。艾滋病传播势头迅猛而病因不明，又不易诊断，一旦症状明显又无药可救，因而被视为一种神秘的不治之症。

　　正因如此，各国政府、医务界、科学界投入了大量人力物力进行防治研究，因而在发现首批病例的短短二三年内，在病理学、流行病学等方面都取得了重要进展。1983年，法国巴斯德研究所的卢克·蒙塔格尼从病人血清中分离出淋巴结病的相关病毒；1984年美国国立肿瘤研究所的罗伯特·加勒分离出人类嗜T·淋巴细胞III型病毒。这两种病毒被认为是一种病毒的变种，并被确认艾滋病的原体。以后国际病毒分类命名委员会将这种病毒命名为人类免疫缺陷病毒（简写为HIV）。1984年，特异性诊断试剂已经问世，疫苗的研制已经问世，疫苗的研制已在大力进行。然而，最后控制和消灭艾滋病还是一项艰巨的任务。治疗尚无满意的特效药物。

　　艾滋病是一现代凶魔，但也不是可怕到极点，只要采取适当的预防措施是可以保护我们自身的。有关研究表明，艾滋病病毒比起一般病毒，更加脆弱，容易被破坏，因而也就不那么容易感染人；另外它主要是通过同性恋或者比较混乱的性行为、输血、吸毒等途径传播，儿童艾滋病由患艾滋病的母亲经血液传播而来；只要注意避免不正常的性行为，不吸毒，输血时严格检查，禁止患艾滋病的妇女妊娠生育，是可以避免艾滋病的传播的。

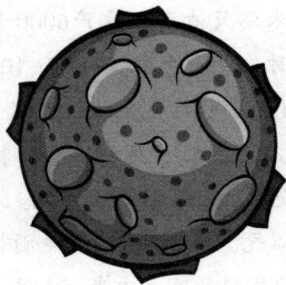

生物能甲烷菌

在泥泞的沼泽或水草茂密的池塘里，生活着无数专爱"吹"气泡的小生命，名叫甲烷菌。

甲烷菌是地球上最古老的生命体。在地球诞生初期，死寂而缺氧的环境造就了首批性情随和的"生灵"，它们不需要氧气便能呼吸，仅靠现成简单的碳酸盐、甲酸盐等物质维持生计，然而它们具有生命实体——细胞，并开始自然繁殖。这就是生物的鼻祖——甲烷菌。时至今日，地球几经沧桑，甲烷菌却本性难移，仍保持着厌氧本色。当然，现代甲烷菌的"食物"来源更加广泛，杂草、树叶、秸秆，食堂里的残羹剩饭，动物粪尿，乃至垃圾等等都是甲烷菌的美味佳肴。沼泽和水草茂密的池塘底部极为缺氧，甲烷菌躲在这里"饱餐"一顿之后，舒心地呼出一口气来，这便是沼气泡。

沼气泡中充满沼气。沼气的主要成分是甲烷，另外还有氢气、一氧化碳、二氧化碳等。它是廉价的能源，用于点灯做饭，既清洁又方便；还可以代替汽油、柴油，是一种理想的气体燃料。

现在世界上大多数国家都在为燃料不足而发愁，开发利用新能源已成为世界性的紧迫问题。而小小微生物却能为人类分忧，在解决能源危机的问题上作出了自己的贡献。在国外，早已有许多工厂使用沼气作燃料开动机器。我国也有不小地区特别是农村兴建了沼气池，人工培养微生物制取沼气。据估计，每立方米沼气池可以生产6000千卡左右的热量，可供一个马力的内燃机工作24小时；供一盏相当于60-100瓦电灯亮度的沼气灯照明5-6小时。还可以建成沼气发电站把生物能变成电能。

甲烷菌的食料非常广泛，几乎所有的有机物都可以用作沼气发酵的原料。沼气池则为甲烷菌提供了一个缺氧的环境。在这里，甲烷菌可以愉快地劳动，源源不断的产生沼气。一个年产2万吨酒精的工厂，如将全部酒精废液生产沼气，每年可得沼气1100万立方米，相当于9000吨煤。而且，被甲烷菌"吞嚼"过的残渣，还是庄稼的上等肥料，肥效比一般农家肥还高。

指示采油的烃氧化菌

　　石油是由各种碳氢有机化合物组成的，这种碳氢化合物叫"烃"。石油虽然被深埋在地下，但总有一些烃会透过岩层缝隙跑到地层浅处。而一种称为烃氧化菌的微生物有个怪癖，生性喜欢吃烃，它们专门聚集在含烃的土壤中，过着以烃为"食"的生活。虽然偷偷溜到地表层来的烃很少，但对烃氧化物来说足以维持生命并繁殖后代了。

　　因此，勘探队员如果在某地区的土壤里发现大量的烃氧化菌，那么说明那里很有可能有石油。于是，配合其他找矿手段，就可以确定石油矿藏的分布范围了。因此烃氧化菌无形中就成了采油向导。

　　烃氧化菌还可以为人类除弊兴利。工业废水中常常含有能污染环境的毒烃，人们利用烃氧化菌的食性，在废水池中"放养"少量烃氧化菌，它们边"吃"边繁殖，最后，有毒烃被吃光了，废水也就变成了有用的水。烃氧化菌本身又是优质饲料。

吃蜡的石油酵母

青少年自然科普丛书
qingshaonianzirankepucongshu

生命微观

在石油化工公司的炼油厂中，寄宿了一批爱"吃"蜡的食客，它们就是被称为"石油酵母"的解脂假丝酵母和热带假丝酵母。

炼油厂为什么要供养这批食客呢？原来，石油产品的质量与蜡的含蜡量多少有很大关系。在高空飞翔的飞机，如果使用含量高的汽油，那么高空的低温会使蜡凝固起来，堵塞机内各条输油管，使飞机发生严重事故。因此，石油产品需要经过脱蜡处理。

工业上有多种脱蜡办法，但是设备复杂，消耗材料和能源也多。于是，炼油厂的工程师从生物实验中请来了这批爱吃蜡的食客——石油酵母。

在要脱蜡的石油产品中，石油酵母如鱼得水，大吃特吃，把石蜡一扫而光，同时自己迅速繁殖起来。这样，人们既得到了高级航空汽油和柴油，又获得了大量石油酵母。真是一举两得。

完成了脱蜡任务的石油酵母，一个个吃得白白胖胖，成为含有丰富蛋白质和维生素，可以制成无毒高蛋白的精饲料，用于喂养家禽和家畜。据说加喂1吨石油酵母饲料，可多生产700多千克猪肉。科学家预测，石油酵母将来还可以作为色香味俱全的人类食物！

绿色汽油——乙醇

乙醇，就是我们通常说的酒精。纯乙醇的沸点为78.5℃，很容易燃烧，在世界面临能源危机的今天，开发利用乙醇作动力燃料，正受到人们越来越多的关注。有的国家把乙醇掺进汽油里混合使用，称为醇汽油，效率甚至比单用汽油还高。产糖量居世界第一的巴西，完全用乙醇开动的汽车，已经在圣保罗的大街上奔驰了。

生产乙醇的主角是大名鼎鼎的酵母菌。它能够在缺氧的条件下，开动体内的一套特殊装置——酶系统，把碳水化合物转变成乙醇。近些年来人们又陆续发现，微生物王国中能够制造乙醇的菌种还不少，比如一种叫酵单孢菌的，它的本领比酵母菌还高，不仅发酵速度快，生产效率高，而且能更充分地利用原料。产出的乙醇要比酵母菌高出8倍多，很可能是更为理想的乙醇制造者。

在相当长的一段时间里，微生物用来生产乙醇的原料主要是甘蔗、甜菜、甜高粱等糖料作物和木薯、马铃薯、玉米等淀粉作物，现在人们找到了一种廉价的原料，这就是纤维素。

纤维素也是碳水化合物，而且在自然界里大量存在，许多绿色植物及其副产品，如树枝树叶，稻草糠壳等等，几乎有一半是纤维素，用它们作原料可以说是取之不尽，用之不竭。当然，用纤维素作原料对酵母菌来说，将发生极大的困难。也就是说很难施展它的发酵本领。不过有办法，人们早就从牛、羊等牲畜所以能吸收纤维素的研究中发现，微生物中的球菌、杆菌、粘菌和一些真菌、放线菌。会分泌出一种能催化纤维素分解的酶，叫纤维素酶。用这种纤维素酶先把纤维素分解成单个葡萄糖分子，然后酵母菌就能把葡萄糖发酵变成乙醇。更令人赞叹不已的是，有一种叫嗜热梭菌的微生物，它们居然能一边"吃"纤维素，一边就"拉"出乙醇来，那就更简单了。在日本和韩国等地，利用木霉和酵母菌协同作战，也成功地用纤维素生产出了乙醇。

微生物利用纤维素作原料生产乙醇，为乙醇登上新能源的宝座铺平了道路。由于这些原料都来自绿色植物，所以有人把乙醇称为绿色的汽油。

变废为宝的勇士

20世纪50年代初，日本水俣地区发生了一种奇怪的病。患者开始感到手脚麻木，接着听觉视觉逐步衰退，最后神经失常，身体像弓一样变曲变形，惨叫而死。当时谁也搞不清这是什么病，就按地名把它称为"水俣病"。

经过医学工作者几年的努力，终于揭开了这怪病之谜：原来是当地工厂排出的含汞废水污染了水俣湾，使那里的鱼虾含汞量大大增加，人吃了这些鱼虾后，汞也随之进入人体，当汞在人体内的含量积累到一定程度，就会严重地破坏人的大脑和神经系统，产生可怕的中毒症状，直到致人死命。

汞化合物是一种极难对付的污染物，人们曾试图用物理的方法和化学的方法来制服它，但效果都不太理想，最后还是请来了神通广大的微生物。

在微生物王国里，有一批专吃汞的勇士，例如有一种名叫假单孢杆菌的，到了含汞的废水中，不但安然无恙，而且还能把汞吃到肚子里，经过体内一套特殊的酶系统，把汞离子转化成金属汞，这样，既能达到污水净化的目的，人们还可以想办法把它们体内的金属汞回收利用，一举两得。

而微生物王国中有不少成员，如为数众多的细菌、酵母菌、霉菌和一些原生动物，事实上早已充当着净化污水的尖兵。它们把形形色色的污染物，"吃进"肚子里，通过各种酶系统的作用，有的污染物被氧化成简单的无机物，同时放出能量，供微生物生命活动的需要；有的污染物被转化、吸收，成为微生物繁殖所需要的营养物。

正是经过它们的辛勤劳动，大量的有毒物质被清除了，又脏又臭的污水变清了。有的还能变废为宝，从污水中回收出贵重的工业原料；有的又能化害为利，把有害的污水变成可以灌溉农田的肥源。

对抗病毒的干扰素

你听说过干扰素吗？顾名思义，干扰素是一种能起干扰作用的物资。

1957年，美国的两位科学家艾萨克斯林和林登曼首先发现，当病毒感染人体后，受到病毒入侵的细胞里会产生和释放出一种蛋白质进行"自卫反击"，干扰和抑制病毒的"为非作歹"。这种蛋白质被称为干扰素。

这一发现，极大地震动了全世界的科学界。许多国家的科研机构不惜资金投入研究，先后证明，用干扰素治疗病毒引起的感冒、水痘、角膜炎、肝炎、麻疹等都有很好的疗效。尤其令人注目的是，干扰素对癌细胞也有抑制作用。有些科学工作者还探明，干扰素对人体的免疫能力也有刺激作用，能唤起整个机体的防御系统，提高它们的机能和作用，警觉地进入"战备状态"，从而大大地增强身体的抵抗力。有人预言，未来年代里药品的新秀可能将是干扰素的"天下"。

干扰素虽有如此神效，但是它的提取工作非常困难。因为干扰素只有受到病毒入侵的细胞中才能产生，而且数量极少。1979年芬兰红十字会和赫尔辛基卫生实验所用了4.5万升（1升相当于1000cc）人血，才煞费苦心地提炼了0.4克干扰素。据法国医疗单位计算。治疗一个感冒病患者要花费1万法郎，而医治一位癌症人，那就需花费5万多法郎。干扰素可谓是世界上最昂贵的药品之一了。

那么，能不能从别的动物血液中提取呢？也不行。因为干扰素有很强的专一性，人体用的干扰素只能从人体细胞中取得；把从别的动物身上取得的干扰素用到人身上，数量再多也没有效果。人们正在积极寻找新的办法。前不久，美国和瑞士的科学工作者分别宣布，他们已经采用基因工程的办法，把人干扰素基因移植到大肠杆菌细胞里去，使大肠杆菌在新移植来的基因的指导下，合成我们所需要物质——人干扰素。

我们知道，繁殖快本来就是微生物的特点。而大肠杆菌在这方面更是首屈一指。它一般20-30分钟就能繁殖一代，24小时可繁殖70多代。而且大肠杆菌的食料简单，来源丰富，培养并不困难。因此，用它们来生产干扰素，不仅产量高，而且价格低廉，一旦付诸实施，微生物又将为人类的健康事业作出新的贡献。

微生物电池

煤炭、石油、天然气，是当前人类生活中的主要能源。随着人类社会的发展和生活水平的提高，需要消耗的能量日益增多。可是这些大自然恩赐的能源物质是通过千万年的地壳变化而逐渐积累起来的，数量虽多，但毕竟有限。因此，人们终将面临能源危机的一天。

当然，人们可以从许多方面获取能源。例如太阳能就是一个巨大的能源。此外像地热、水力、原子核裂变都可以放出大量的热能。试验研究表明，利用微生物发电，已向人们展示出美好的前景。

电池有很多种类，燃料电池是这个家族中的后起之秀。一般电池是由正极、负极、电解质三部分组成，燃料电池也是这样：让燃料在负极的一头发生化学反应，失去电子；让氧气剂在正极的一头发生反应，得到从负极经过导线跑过来的电子。同普通电池一样，这时候导线里就有电流通过。

燃料电池可以用氢、联氨、甲醇、甲醛、甲烷、乙烷等作燃料，以氧气、空气、双氧水等为氧化剂。现在我们可以利用微生物的生命活动产生的所谓"电极活性物质"作为电池燃料，然后通过类似于燃料电池的办法，把化学能转换成电能，成为微生物电池。

作为微生物电池的电极活性物质，主要是氢、甲酸、氨等等。例如，人们已经发现不少能够产氢的细菌，其中属于化能异养菌的有三十多种，它们能够发酵糖类、醇类、有机酸等有机物，吸收其中的化学能来满足自身生命活动的需要，同时把另一部分的能量以氢气的形式释放出来。有了这种氢作燃料，就可以制造氢氧型的微生物电池来。

在密闭的宇宙飞船里，宇航员排出的尿怎么办？美国宇航局设计了一种巧妙的方案：用微生物中的芽孢杆菌来处理尿，生产出氨气，以氨作电极活性物质，就得到了微生物电池，这样既处理了尿，又得到了电能。

一般在宇航条件下，每人每天排出22克尿，能得到47瓦的电力。同样的道理，也可以让微生物从废水的有机物当中取得营养物质和能源，生产出电池所需要的燃料。

尽管微生物电池还处在试验研究的阶段，但它预示着不久的将来，将给人类提供更多的能源。

青少年自然科普丛书

qingshaoniancziranhkepucongshu

生命微观

能去污脱毛的蛋白酶

加酶洗衣粉问世以来，人们再也不用为衣服上沾有各种污渍烦恼了，加酶洗衣粉这种独特的洗涤能力，来自它所含有的蛋白酶。

蛋白酶是至今发现众多种酶的一种。我们知道，酶是一种具有非凡功能的生物催化剂，它不需要什么特殊的设备和条件，在常温常压下就能使许多复杂的化学反应迅速完成，效率比普通催化剂高出千万倍。各种酶都有各自的催化对象，蛋白酶的专长则是能够水解蛋白质。有人做过试验，1克胃蛋白酶在2小时内，就能溶解50千克煮熟的鸡蛋白。

蛋白酶和其他许多酶一样，人们首先是从动植物体内提取，然后再把它用到生产、生活中去。但是用这种方法不但成本高、产量低，而且还受到动植物来源的限制，使酶的应用大受影响。直到人们发现，动植物体内的许多酶种都可以在小小的微生物体内找到，比如加酶洗衣粉用的蛋白酶，便是一种短小芽孢杆菌产生的，这才打开了新局面。因为微生物的特点是繁殖快，产量高，生产原料来源丰富，大量培养并不困难，当然也不受地区、季节、气候的限制，这就为酶的大规模生产和应用创造了有利条件。

能够生产蛋白酶的微生物是很多的。放线菌、细菌和霉菌等大家族中的许多成员，在生长繁殖和新陈代谢过程中都能产生蛋白酶，我们分别把它们称为放线菌蛋白酶、细菌蛋白酶和霉菌蛋白酶。如按它们作用最适酸碱度，又可以分酸性蛋白酶、中性蛋白酶和碱性蛋白酶。

蛋白酶是用量最多的微生物酶之一。从工农业生产到日常生活，从医学卫生到饮料食品，到处都有它们的踪迹。比如猪、牛、羊皮制革时，首先要除去皮上的毛，然后才能进行加工鞣制成革。过去一直沿用灰碱法脱毛，工序复杂，操作繁重，是有名的脏、累、臭行业。自采用酶法脱毛，只要用少量蛋白酶就能破坏毛囊，使毛脱落，大大简化了工序，改善了劳动条件，还使原来污染环境、对农作物有害的废水，变成了很好的肥料。蛋白酶还可以除去皮纤维中的可溶性蛋白，使皮纤维进一步松散，给鞣制创造更为有利的条件。

　　微生物为我们提供的酶已有好几十种，在很多方面取代了动植物酶制剂的生产，已成为生产酶制剂的宝库。

海洋微生物采矿

广袤无垠的海洋，是个巨大的宝库。在那里，不仅生活着为数众多的名贵珍稀海洋生物，还蕴藏着丰富的金属和非金属矿藏。科学家查明，海水中含有将近80种金属和非金属元素，如镁有2 100万亿吨，钾600万亿吨，溴100万亿吨，碘900多亿吨，金550万吨，银4亿吨。许多陆地上储量少、分布散的稀有金属，如铀、锶、铷、锂等等，海水中的储量也十分丰富。拿原子能燃料铀来说，海水里溶解有45亿吨，比陆地上已探明的铀矿储量要多两千倍！

然而，直到现在，我们还只能从海水中提取氯、钠、溴、镁、碘、钾等少数几种，大多数元素还无法开发利用。这是因为它们在海水中的浓度实在太低。比如铀，300吨海水中才含有1克，采集起来太困难了。现在，科学家发现：有些海洋生物具有富集某些元素的本领，如果我们发现和培养能够富集某些化学元素的微生物，利用它们繁殖快、数量大的特点，把它们释放到海水里大量繁殖，让它们从海水中"吃饱喝足"各种矿物元素，然后再想办法把它们收集起来，便可以提取出各种有用物质来。

可以预见，不久的将来，海洋微生物将在海水采矿事业中，大显身手。

新物种的创造者

基因工程是人工创造新物种的有效途径。在这个工程中，微生物有着很大的用途。

那么，什么是基因工程呢？我们知道，生物的遗传性都是由遗传物质——基因支配的。基因位于细胞核的染色体中，每个基因都有固定的职能，在个体发育过程中，许许多多基因无比协调地通力合作，才逐步建立起美丽而对称的生命大厦。但是，如果我们把一个基因摘下来，从甲生物转移到乙生物，只要处理得当，它将同样能够发挥原有的效应。所谓基因工程，就是根据人类的需要，将某种基因有计划地移植到另一种生物中去的新技术。

科学家发现，微生物可以作为基因的供体，把它的优良性状提供给其他生物；也可以作为基因的载体，把一个生物的优生状携带给另一个生物，还可以作为基因的受体，接受别的生物的基因，并在细胞内复制和表达。我们已经知道，微生物具有繁殖快，容易实现工厂化生产等优点，如果把植物或动物的基因移植到微生物中去，就可以多快好省地生产生物制品。1978年，科学家把人体的"胰岛素基因"移入大肠杆菌，于是这些碌碌无为的食客——大肠杆菌，一跃之下竟成了生产人类重要激素的能手。1979年，通过基因工程手段，已经组合成一种专门生产卵清蛋白的大肠杆菌。这种蛋白原先存在于鸡的输卵管中，是各种氨基酸含量比较均衡、十分合适人类需要的营养物质，现在居然可能由细菌直接生产，这是一起意义重大事件！可以设想。有朝一日，它将可能取代养禽业。

微生物具有许多独特的性状。例如固氮微生物能固定大气中的分子氮，如果将固氮微生物的基因转移到能感染多种植物的根瘤土壤杆菌中或作物根际微生物中。使这些微生物也能固氮，这就扩大了肥源。如果将固氮基因直接移植到农作物中，培育出能自身固氮的作物新品种，那么，许多氮肥工厂就可以转为其他工厂了。

微生物在基因工程中大有作为。它将为人类创造许多新的财富，它将为人类治愈一些不治之症，它也将为农业生产展示光辉的前景。

◎ 从无到有 ◎

从无机物到有机物；从有机物到微生物；从微生物到植物和动物；从动物到人……生命的形成，经过了漫长的岁月。

有了水、空气和阳光，地球得天独厚地创造了已知宇宙中的惟一……

人与铅笔芯是"远亲"

如果有人告诉你，组成我们身体的若干物质当中最主要的元素与你日常用的铅笔的笔芯是同一种元素，你惊讶吗？

如果有人说，我们日常吃的食物无论蛋、肉、奶、菜、粮、豆等中最主要的元素与铅笔芯是同一种元素，你会同意吗？

如果有人告诉你，那千姿百态、充满盎然生机的生命世界（无论动植物）主要是由与铅笔芯相同的元素所构成的，你会相信吗？

如果有人说，你穿的漂亮衣服（无论你穿什么）中所包含的最主要元素也是与铅笔芯相同的，你还会认可吗？

答案是肯定的。

尽管人人用过铅笔，也把它称为铅笔，可是那黑黑的铅笔芯并不是由金属铅或含铅的化合物所组成的。它实际上是由叫做石墨的物质加上粘土混合而成，而那黑黑的石墨是由单一的元素所构成，它就是碳元素。

这也许你是知道的，也许你还知道另外一个事实：极为贵重和有用的金刚石也是由单一的碳元素的构成的。石墨与金刚石从本质上是完全一样的，都只由碳元素构成，只是它们的结合方式稍有不同罢了。

然而碳和其它元素将会构成怎样的物质呢？

具有生命的物质都由碳的化合物构成，无论它是动物还是植物。

我们吃的几乎全是含碳的化合物（除水外）。

我们穿的也都是含碳的化合物，无论质地是棉的、麻的、毛的、丝的或是化纤的。我们也常与含碳的化合物打交道，如木材、塑料、橡胶、纸张、洗涤剂等。

一个人体内所含的碳元素可供制作9000支铅笔。

一个人体内所含的脂肪（由碳的化合物构成）可供制作8块普通肥皂。

现在你应发现，我们与碳元素是多么亲密无间了吧。

是科学，或者具体地说是化学的研究成果使我们了解到这一切的。研究这些含碳元素的物质，在化学科学中构成了一个极富生命力的学科，并且它还与分子生物学、医学生理学、药物学、营养学、材料科学、环境科学等密切相关。

这就是有机化学——研究有机物的科学。

如果你对它有兴趣，并想对它有所了解的话，那就让我们进入这特别的世界的大门，去领略那特有的奇观吧。

无机物和有机物

世界上充满各种物质，化学家把它们分成两大类。一类是有机物，如糖、淀粉、醋、木头、青霉素和阿斯匹林等。另一类是无机物，如氧气、水、石头、盐、金、银、铜、铁等。

为什么会把物质分为"有机的"和"无机的"两大类呢？这里有着历史的原因。早在17世纪，人们对于客观存在的大量物质了解得还很少，化学还是一门年轻的学科。但即便如此，有一件事实似乎是清楚的。这就是，有些物质可以从土地、海洋或空气中获得，它们（像水和石头）看来是自从有了地球就存在了。但另一类物质，只有通过生命物体的创造才会有。如糖，需依靠种植甘蔗、甜菜，然后才能从它们的体液中提取出来。

据此，1807年瑞典化学家柏齐利乌斯提出了一种分类方法。他指出，凡能够自活的有机体的物质，叫做有机物；而把其它的物质都叫做无机物。有机物是生命（动物或植物）的产物，无机物则不是生命的产物。

在当时，这似乎是物质分类的最好方法。他所说的有机物质和无机物质似乎在性质方面也有很多的不同。例如，有机物不如无机物稳定、坚实，较容易受到破坏，特别是有机物"怕火"，遇热易分解。这恰好是矿物与动植物的一般区别。

在当时化学家们就把研究有机物质的化学称为有机化学，以区别于研究矿物质的化学——无机化学。这种分法在当时还受到传统唯心主义思想的支配。因为那时已知的有机物都是从生物体内分离或制造出来的，还没有人能从实验室中制造出来。

所以，连柏齐利乌斯本人也认为，有机物只能在生物体中受一种特殊力量的作用后方可产生出来，这种神妙莫测的力量叫"生命力"。显然，这种力量是超出人力之外的，是受"上帝"支配的。而有机物本身也包含了这层含义，即"有生机之物"。因此当时的化学家们认为不可能在化学实验室中制成有机物。

　　1828年出现了一个伟大的突破，这与叫作尿素的有机物有关。尿素是白色的固体。在此之前化学家认定只有活的有机体才能产生尿素，可是德国的化学家维勒发现情况并非如此，他发现把无机物氰酸铵加热，它很容易转变为尿素。对这个结果，维勒自己也深感惊奇。他一次又一次重复试验，最后才敢宣布这项成果。

　　1828年维勒发表了《论尿素的人工合成》的论文，震动了整个化学界，第一次冲击了在有机化学界盛行的"生命力学说"。他同时也把这一重要发现告诉了柏齐利乌斯："我应当告诉您，我制造出了尿素，而且不求助于肾或动物——无论是人或犬。"

　　维勒的实验没有任何差错，可当时人们思想中的固有观念是不易改变的。直到19世纪中叶，化学家在实验室中用单质及无机物合成了若干种有机物，如1845年柯尔柏合成了醋酸，1854年柏塞罗合成了油脂等，这才使"生命力学说"被彻底否定。原来禁锢人们思想的东西被解除了。随着科学的发展，人们愈来愈清楚地知道，原先人们认为的有机物与无机物之间并没有一个绝然的界线，它们遵循着共同的变化规律——化学。

青少年自然科普丛书

qingshaoniaanzirankepuecongshu

生命微观

"手拉手"创造的世界

尽管原分类方法的根据不存在了，可是有机物和无机物的名词还没丢弃，但看法改变了。所谓的有机物，它们的分子至少含有一个碳原子，而所谓的无机物，虽然分子中偶尔也含有碳原子，但一般都不含碳原子。

因此，为了照顾习惯，化学家把分子中含有碳原子的物质叫做有机物，不管这些物质是否存在于生命体中。对任何一种物质，若分子中不含碳原子，便是无机物（化学家葛美林于1848年曾给有机化学下定义：研究碳化合物的化学）。当然这种分类法和柏齐利乌斯发明的分类法从根本上不一样了。

有机化学只研究一种元素（碳元素）的化合物，而把其余100多种元素的化合物都留给无机化学家去研究。似乎无机化学的研究对象要比有机化学的研究对象多得多。然而与你的想象正相反，含碳的化合物比不含碳的化合物要多好几百万。目前已发现的1000万种化合物中，有机物占绝大多数。而且在自然界和实验室中，每天还在不断地发现和制造出新的有机物。与此相比。除了碳元素外，其它100多种元素形成的无机物到目前为止知道的也只有几十万种。

在100多种元素中只有碳原子的"团结性"最好。多个碳原子可以"手拉手"结成碳链、也可以围成一个圈或环，然后再和其他种类的原子连接。

一个有机物分子含有成千上万个碳原子并不是罕见的事，如淀粉，橡胶等。

其它原子都不具有这样的自相连接的本领。一个无机物分子，含有12个原子以上的十分罕见。

化学研究告诉我们，组成有机物的元素以碳、氢为主，许多有机分子中也常含有氧、氮等元素。它们组成了有机物的世界，而支撑这个"世界"的就是碳原子。它能自相连接出成千上万种形式而构成数目庞大的有机物。自然界中以碳为骨架的有机物很多，像淀粉、纤维素等。

另外像花、叶及昆虫翅膀上的各种颜色，花或水果的香味，葱、蒜的气味，动物的肌肉、皮毛等都是与碳的"骨架"密切相关的。而自然界原本不存在的有机物质也已由化学家们用碳、氢、氧、氮、卤素等制造出来，像尼龙、塑料、合成橡胶等。

青少年自然科普丛书

qingshaonianziranikepucongshu

生命微观

谈谈二氧化碳

现在倒过来谈谈与有机物以及生命有关的无机物质。其中之一是二氧化碳。

在烈日炎炎的盛夏，火辣辣的太阳，简直把人晒得口干舌燥，这时能喝上一瓶冰镇汽水，该不知有多痛快呢。

打开汽水一喝，紧跟着就是"呃"的一声，体内的热气速即排出，有时一阵"酸鼻"，眼泪也会流出来。原来这是气体把热量带走了。这是什么气体？它就是英国化学家布莱克所说的"固定气体"二氧化碳。

因为是工人们用很大压力把它们压进水里去的，所以当你打开汽水瓶时，它们就像争先恐后出笼的小鸟一样，拼命向外奔，这时只见汽水中翻腾起阵阵气泡。

有一次，布莱克在做实验时发现，石灰石加热以后，重量减轻了，他纳闷这丢失的重量跑哪去了？

为了解开这个谜，他把石灰石装在一个容器里加热，在容器出口联通一根管子，管子插到石灰水中，与此同时，加热一边有气体产生，而石灰水这边随气体不断充入，显得越来越混浊，然后把混浊的水放置一会，就会看到白色的沉淀出现了。于是布莱克对白色沉淀物进行研究，认为它与石灰石不是相同的，布莱克认为这种气体固定在石灰石中，所以布莱克管它叫"固定的气体"。

布莱克还做了许许多多的实验，目的是要了解二氧化碳所具有的性质。例如：把燃烧着的蜡烛放入二氧化碳中这蜡烛立刻就被它"吹"灭了；把麻雀、小老鼠放到二氧化碳中，会马上被"掐死"等等……这些实验说明：二氧化碳本身不会燃烧，也不能帮助其它东西燃烧，二氧化碳会使人和动物窒息死亡。

我们知道了它的性质后，就可以请它来帮我们做些对我们有益的事。

比如把能产生二氧化碳的两种物质，隔离地装入灭火器中，一旦需要时，这两种物质混合后，产生大量的二氧化碳气体扑向大火，使大火与空气隔离，将大火扑灭。为了探明深井或菜窖中是否充满使人窒息的二氧化碳，可将一支点燃的蜡烛放入深井或菜窖中，观察燃烧的情况，如果蜡烛熄灭，就说明深井和菜窖中有大量的二氧化碳存在。

对于植物来讲，二氧化碳协助它们进行光合作用和"呼吸"，没有它，就没有植物。植物吸收二氧化碳呼出氧气，供给了动物。这样看来，如果没有二氧化碳，也就没有生命。

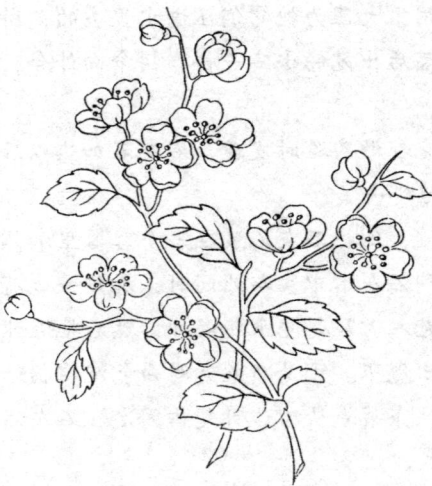

青少年高级科普丛书

nqshaomndguaxiznkiunjunpjshub

生命微观

氧气是生存的保障

瑞典科学家社勒是最早认识氮和氧的"发现者"之一。他在认识空气是混合物后，对氮气（不燃烧的空气）性质进行了一些研究，可使它更感兴趣的是，在燃烧中不知去向的1/5气体，到底是什么气体？怎么样才能得到这部分气体？

为了能得到这部分气体，社勒仔细地回顾了他以前所做过的实验。他想起在对坩埚中的硝石进行加热的时候，飞过坩埚上方的烟灰会突然着火，那么加热硝石时所产生的气体与燃烧时空气中消失的气体，究竟是不是同一种气体？社勒决心把它弄个明白。

有一天，社勒的老板正在和一位顾客谈生意，突然实验室的门猛然被推开，只见社勒跑了出来，他一手拿着一个空瓶子，另一手拿着根一头几乎已经熄灭的线木，他边跑边激动地喊着："我发现火焰空气了，我发现火焰空气了。"

老板和顾客都惊奇的看着他，不知到底发生了什么事。这时，社勒也顾不上说什么，只是把拿着的木柴扔进空瓶子中，他就像魔术师耍把式一样出现了奇迹：木柴在空瓶子里剧烈地燃烧起来，冒着让人不可思议的白光。

莫名奇妙的老板和顾客怎么也不会相信他们亲眼所见的事实是真的，他们要求社勒再做一遍，可是社勒重做了这个实验后，他们还不敢相信是真的，因为当时人们以为空气是不可分割的气体。

社勒总结了以前做过的实验，认为空气是一种混合物，是由两个部分组成的，他把它们分别称之为"无用的空气"（氮气）和"火焰的空气"（氧气），并写了一本书，书名是《火与空气》。可是，由于出版商的耽误，过了很长时间才出版，而这时却另有一位化学家捷足先登了。

普利斯特利在社勒发现"火焰空气"一年后，他也独立地发现了这种气体。一普利斯特利虽然是一位牧师，可他对化学非常感兴趣，经常做各种各样的化学试验。他发现加热一种红色的物质（氧化汞）时，有一种气体放出来，他就把这种气体收集起来，以为这是普通的空气，可是实验结果，却使他大吃一惊，原来这种气体与普通空气不同，他把这种气体称之为"脱燃素空气"（即社勒所谓的"火焰空气"）。

他也像社勒一样，把刚要熄灭的木柴放入这种空气内，木柴燃烧发出的光亮比在空气中燃烧时更明亮。同时普利斯特利也做了动物试验，结果如何，我们通过翻阅他当时有趣的实验记录，就能找到答案了。

普利斯特利是这样记录的："我把老鼠放在脱燃素的空气里，发现它们过得非常舒服，好奇心驱使我亲自加以试验，我想象读者是不会惊奇的。我自己试验时，是用玻璃管从放满这种气体的大瓶里吸取的。当时我的肺部所有感觉和平常吸入普通空气一样；但自从吸过这种气体以后，经过很长时候，身心一直觉得十分轻快舒畅。有谁能说这种气体将来不会变成时髦的奢侈品呢？不过现在只有两只老鼠和我，才有享受呼吸这种气体的权利哩。"难怪医学上，当病人处于生命垂危时，吸氧是必不可少的一项医疗措施呢。

我们现在称之为氧气的气体，到底谁最先发现的？众说不一。1807年，在俄罗斯彼得堡科学院的大会上，年仅24岁的德国汉学家朱利斯·克拉普罗特提出了他的最新发现：氧气是中国人发现的。

原来克拉普罗特在中国看到了一本8世纪的书，书名叫《平龙认》，是个叫马和的中国人写的，在书中马和写道："大气是由阴、阳两部分组成，阴的部分可用金属、硫磺及碳等经燃烧取出来。"克拉普罗特说：这里的"阳"就是指氧气。这个观点得到许多化学家的支持。但是由于《平龙认》的原书至今仍未找到，还很难下最后的结论，所以关于氧气的真正发现，大多数人认为是普利斯特利。

青少年前线科普丛书

qingshaonianqinxiankepuongshu

生命微观

默默无闻的氮气

18世纪后半期，瑞典乌普萨拉城中，有一名勤奋、年轻的药剂师——卡尔·社勒。

那时每当寂静的夜晚来临时，乌普萨拉一家药店中的灯总是亮着，社勒在不停地忙碌着，虽然他出身于一个贫穷的家庭，但是他一生的创造和发现却与"贫穷"二字没有缘分，后来他是人们传颂的化学家之一。

社勒在念完小学后就去药店当了学徒。他工作非常认真，总是超额完成东家交给他的工作，休息时他也不闲着，不是坐在某个不引人注意的角落里静静地看书，就是在他自己的小实验室里做实验。他对一些物质的性质进行研究，他一心想知道，世界上的各种物质到底是由什么东西组成的？他多次把所研究的物质放到嘴里去品尝，品尝后总要坐立不安地等候实验结果，因为这品尝的物质可能是死神的使者，他像世界上第一位吃螃蟹的人一样，以生命为代价，为能寻找出一种新物质而感到幸福和愉快。

当时的实验条件与现在是无法相比的。社勒凭着对化学执着地追求，从一无所有开始，逐步建造他的实验室，他把微薄薪水的大部分用来买书和买化学试剂，有许多实验用的简单仪器都是他自己亲手做成的，他用这些简单的仪器发现了一些元素和化合物，比如说氯气就是他发现的。

在社勒出生一百年前，有个英国化学家叫波义耳，他已知道，蜡烛在空气充足的地方能完全燃烧，假如在蜡烛的火焰罩上一玻璃瓶，火焰一会儿就熄灭了，可是为什么会产生这种现象，波义耳及其他一些化学家都解释不清了。社勒由此想到：大多数的化学试验都是在用火加热或者在火的直接参与下进行的，因而，有必要对燃烧的性质进行研究。比如，在燃烧过程中空气起了什么作用？社勒决心要把空气的性质弄个水落石出。

社勒在密封的容器里做了许多实验，他为什么选用密封的容器呢？社勒想过：在密封的容器中，外面的东西进不来，里面的东西也出不去，如果空气在燃烧过程中产生变化，那么一定能够检查出来。

　　每到深夜，社勒干完店里的活计，关好店门后，就兴致勃勃地开始做实验。一次，他从柜子里取出一个装满水的玻璃瓶，瓶子底部放有一些黄色的小东西，这些黄色的东西就是白磷，白磷本身非常软，用小刀就能把它切开，它还非常活泼，放在空气中，即使没有点火，也会自己燃烧起来，同时冒出一股浓烟来。只有把它浸泡在水中才能长久保存。社勒打开瓶盖，取出一小块白磷来，迅速放进一个空瓶中，塞紧瓶塞后，在烧瓶的底部用火焰加热，瓶里的白磷受热后立即熔化了，马上爆发出一阵明亮的火焰，与此同时，烧瓶内产生了大量白烟。

　　待烧瓶凉下来后，社勒把烧瓶倒置在水盆中，拔去塞子，只见盆中的水自下而上地涌入瓶中，并且占据了烧瓶体积的1/5，好奇怪呀！烧瓶明明是密封的，根本不可能有空气跑出去，可是1/5的空气失落到哪儿去了？

　　为了弄清楚这个问题，社勒在以后的几天里，把其它东西放入密封的烧瓶中去燃烧，得到的结果与燃烧白磷的现象一样，1/5的空气没有了。社勒想：在燃烧过程，也许由于某种未知的原因使空气消失了，但是为什么只有消失一部分空气，而不是全部的空气？有时放入烧瓶中的燃烧物没有完全烧掉就提前熄灭了，为什么燃烧物不继续在剩余的4/5空气中燃烧呢？

　　当时人们认为空气是单一元素，它不能再分解为两种或两种以上更简单的其他元素，而社勒几天来从实验所得到的结果，与上述概念却是相矛盾的。这时。在社勒的脑海里产生了一种想法，燃烧中消失的空气与剩余的空气是不同的，也就是说，空气不是单一元素，而是一种混合物。

　　在社勒同时，英国化学家卢瑟福也发现了这个现象。他对剩下的4/5的气体的性质进行了仔细的研究。当他把小白鼠放到这种气体之中，小白鼠的脖子好像是被卡住了似的，窒息而死；把燃烧的蜡烛放入该气体中，马上就被"吹灭"了；把这气体通入石灰水中，不会产生混浊现象。

　　卢瑟福想，它与"固定的空气"和燃烧后不知去向原先那部分空气肯定是不同的，它显然是空气中的另一种成分。考虑到这种气体能使小白鼠死亡，他认为此气体会有损于健康，因而把它命名为"浊气"或"毒气"。

上面所讲的气体，我们现在就叫它氮气，在包围着我们的空气中，它占4/5左右。

氮气在常温、常压下，像一个性情非常孤独的"孩子"一样，对其他的"孩子"不爱理睬，只喜欢独个呆着。但是它有个很好的优点，就是对人们交给他保管的东西，他能认真保管好。如果你把贵重而稀罕的书、画让它珍藏，你尽管放心，蛀虫是绝对不会来捣乱的。

在高温下，氮气又像个"人来疯"的"活泼孩子"，能与许多东西发生反应。它与氢气反应就成为合成氨了，可造福于农业。

给化学物质起名字

慢慢地我们就要与许多的有机物相遇了。化学家要描绘各种化合物也需要元素符号。比如碳原子的符号是C，氢原子的符号是H，氧原子用O代表，氮原子用N表示，等等。

对于有机物，化学家可以用它们的原子组成表示，如水用H_2O，食盐用NaCl表示。这样一般不会引起什么混乱，基本上能够满足要求。但对于有机化合物，这样的表示就显得不能满足要求了。这是因为在有机物中常常存在这样的情况：两种或是多种的化合物，它们的化学组成是一样的。例如有两种有机物，一种叫乙醇（叫酒精），另一种叫二甲醚，它们的分子中都含两个碳原子，六个氢原子和一个氧原子，化学式为C_2H_6O，但它们分子中原子的排列或连接顺序不同。这种现象在有机物化合物中十分普遍，化学家称之为"同分异构现象"。

可以设想，如果你安装一台收音机，当你从商店买回了全部的零件，包括晶体管、喇叭、电阻、电容以后，你如何将它们按正确的方式组合、联结起来呢？装对了，就能收听广播，装错了，你就什么也听不到了。所以你必须有一张线路图。

对于复杂的有机物分子，同样也需要绘制一张"线路图"，仅仅列举出组成分子的原子是远远不够的。为此，化学家提出了结构式，用来表示分子中原子间联结的相互联系。如乙醇可简写为CH_3-CH_2-OH；二甲醚可简写为CH_3-O-CH_3。结构式中元素符号代表该元素的原子，短线表示原子间的连接方式，表示出原子间的化学键。

在本书中你会发现，它并不难懂。实际上你要真正了解有机物，遇到结构式的时候，你最好记住它。你会发现，这并不难，而且它对于我们了解这千姿百态、生机盎然的世界是多么有帮助。

我们就要进入"有机物的世界"了，对于没有学过有机化学的人来说，他的感觉也许与首次人工合成尿素的德国化学家维勒于1835年所说的有类似之处：“现在，有机化学几乎使我狂热。对我来说，它看来像是一个原始的热带森林，充满着最诱人的东西；也像是一个可怕的无穷无尽的丛林，看来似乎无路可出，因而使人不敢入内。”其实，有机化学经过一个半世纪的发展，化学家们对有机物已经掌握了许多，了解它们很多方面的性质，对这“无穷尽的丛林”、“原始的热带森林”进行了各种开发，为人类提供了极为丰富的材料，为人们的生活提供了不少的便利，也使人们对自然界的生命现象有了一定的认识。有机物的世界就像一个神秘的宫殿，里面有无穷尽的财富，等待着人们深入探寻，开发利用。

到一个城市去观光，你需要一张地图；装配一台收音机，你需要一张电子线路；去“有机物的世界”漫游，你需要的则是：“原子连接图”——结构式。逐渐地你会发现，物质与物质的不同在于组成这些物质的原子或其连接次序不同，一切物质的差别就在这儿。

甜甜的世界

青少年自然科普丛书
qingshaonianzirankepucongshu

生命微观

说到甜的东西，你一定会联想到糖。不错，糖是甜的，可有甜的东西不一定是糖。而在化学家的"感觉"中，"糖"也不一定都是甜的。这里面有什么奥秘吗？化学家的"感觉"为什么与平常人不同呢？这的确很有趣。

糖为什么会有甜味呢？从人的生理学角度来说，"甜"是感觉器官的反映。我们平时吃的糖从化学结构上看。是含有多个羟基（-OH）的有机物。因此，有人认为：甜味与物质分子结构中的羟基有关。像水（H-OH）和只含一个羟基的醇，如甲醇、乙醇等，它们的分子中仅含一个羟基，所以它们没有甜味。而乙二醇和丙三醇及我们吃的糖都是含有多个羟基的，它们都是有甜味的物质。但是直到现在，人们对能感觉到甜的真正原因还没有搞清楚。有很多的东西并不含多个羟基，可它们是甜的。如糖精，其甜度是蔗糖甜度的300-500度。另外像丙氨酸、氯仿、乙醚、醋酸铅等有甜味，像氯仿（$CHCL_3$）的甜味就比蔗糖强40倍左右。所以，不要认为甜的东西都是糖。并且像乙二醇、乙醚、醋酸铅、氯仿等有甜味的物质是有毒的不能吃，当然也不能作为糖的代用品。因此，甜的东西和糖应当是两种不同的概念。

前面讲的几个有甜味的物质并不是糖，有的还有毒（像乙二醇）。一般人们所说的糖是蔗糖，是从甘蔗或甜菜中榨取的。除此之外，人们也许还能列举出葡萄糖、果糖、麦芽糖等，有人可能还会说有红糖、白糖、冰糖，甚至有人说还有硬糖、软糖、奶油糖、巧克力糖等等。其实，红糖、白糖、冰糖，它们都是蔗糖，而硬糖、软糖、奶油糖等则是糖果的花色品种，它们大多是由蔗糖制成的。而像蔗糖、葡萄糖、麦芽糖、果糖等才是基本的糖类，但其化学结构是各不同的。化学家们研究糖，正是从这些物质开始的。

通过研究，化学家们发现，这些糖的化学组成是$C_n(H_2O)_m$从组成看，它们好像是由不同数目的碳原子和水分子构成的。所以那时把这些物质称为碳水化合物。进一步的研究还发现，这些糖是有多少羟基（-OH）并含有醛基或酮的结构，或者它们是能够水解为以上结构的物质。所以，从化学结构上看，碳水化合物是一类多羟基醛、多羟基酮或能够水解为多羟基醛酮的物质，化学家把这类物质定义为糖。所以广义来说，糖就是碳水化合物。像淀粉、木材、棉花等都具有$C_n(H_2O)$的化学组成，是广义的"糖"。像木头、棉花这样的"糖"不是甜的。所以在化学家的"感觉"中，"糖"不都是甜的。

绿色植物通过光合作用把空气中的二氧化碳和水转变为碳水化合物（如淀粉、纤维等糖类物质）。淀粉（粮食）和纤维素（如木头、棉花等）是由许许多多个葡萄糖分子以稍微不同的方式结合成的巨大分子。淀粉贮藏在植物的种子中充当植物的营养物，而纤维素则成为植物的支持骨架。

淀粉——对某些动物来说还有纤维素——被动物吃后，在体内被水解为葡萄糖。葡萄糖被血液带到身体各种组织中，在那里被氧化，最终变为二氧化碳和水，同时释放出原来自于太阳光的能量供机体使用；而有些葡萄糖则在机体内经化学反应转变为脂肪（所以，多吃淀粉能长胖）；有些则与含氮的化合物反应形成氨基酸。氨基酸的相互结合可形成各种蛋白质，蛋白质是构成动物体的主要物质。它维持和调节机体各种机能运作，使之成为活生生的动物或人。

我们吃的食物几乎全为含碳的有机物，其中大部分食物最初始的来源都是碳水化合物。比如，我们吃含淀粉的谷物，或者通过喂养或猎杀以纤维素或淀粉为食的动物（食肉动物也是以食草动物为食）作为我们食用的肉类或脂肪。

同时，我们用棉花、亚麻等纤维素或以食纤维素为生的动物如蚕吐出的丝为衣着原料，并且我们使用木材形式的纤维素建造房屋和家具。

因此，完全可以说，碳水化合物为我们提供了生活必需品：食物、衣服和房屋。另外，除了基本需要，我们现代文明的重要传播媒介——纸，其基质就是纤维素。

这样看来，我们的衣、食、住、用等很多地方依赖于碳水化合物，或广义地说，依赖于糖，这一点，一般的人是想不到的。从这种角度来说，我们（包括一切生命）都生活在"糖缸"中。由于一切生命的化学过程是在以水为基础介质的环境中进行的。从这方面来说，我们人人都是在"糖水中泡大的"。这一点可能会使大多数人惊讶。

淀粉与纤维素

我们说淀粉和纤维素都是碳水化合物，也是糖。把它们称为糖有道理吗？它们可一点也不甜呀！是的，尽管它们不甜，但从它们的组成看，它们都是由千百万个葡萄糖分子相互脱水缩合而成的高分子化合物。由于它们是由多个单糖分子脱水缩合而成的，所以人们把淀粉和纤维素称为多糖。这样看来，说淀粉和纤维素是糖不是很有道理了吗？普通人用味觉去感知糖（这是浅层的），而化学家则深入到物质的结构内部去探寻（这是深层次的），你认为哪个更科学，更高明？

尽管淀粉和纤维素都是由葡萄糖分子脱水缩合而成，但它们的结构仍有一点点的差别，即葡萄糖分子之间的脱水方式不同，仅这一点差别就造成了淀粉与纤维素在性质上的不同。另外，葡萄糖合成淀粉和纤维素后，糖的普通特征完全消失，它们既不溶于水，也无甜味。

绿色植物经光合作用制造出淀粉和纤维素及其它一些物质。它把纤维素作为它本身的骨架、支干，而把制造出来的淀粉贮藏在种子里，作为最基本的营养物质留下来。麦粒、稻米等的种子几乎全是淀粉物质。淀粉是一个"仓库"，它把葡萄糖"团聚"在一起，不至于被溶解到细胞液中。当需要的时候，植物把淀粉分子水解为葡萄糖加以利用。你看，植物世界的化学作用也是很奇妙的吧。

我们人吃的主要食物就是淀粉（米、面等）。人体中有一种酶可以把长链的淀粉分子水解为较短链的"糊精"，随后这种糊精分子进一步水解为麦芽糖，麦芽糖又被水解为葡萄糖，为人体吸收。

动物体有一种奇妙的功能，可以把葡萄糖分子再脱水缩合成为特种的淀粉，它被称为动物淀粉或糖原，主要贮存在肝脏中，所以这特种淀粉也被称为肝糖，同时它也贮存在肌肉和皮肤中。一个营养丰富的人，体内贮存的糖原，总量可达400克左右。

在两餐之间，体内的糖原不断水解为葡萄糖，并按适当的速度输入血液，以维持稳定的血糖（即血中的葡萄糖）水平。一个营养丰富的人，其体内的糖原足够供他使用18小时。当然，人可以在更长的时间内不吃东西，因为在人体的其它的地方也还贮存着能量。

令人遗憾的是我们体内没有水解纤维素的酶。对于这一点点结构上的差异，我们人体就无能为力了。所以从营养方面来看，人类不能从纤维素中获取养分。我们经常吃进纤维素，像有些植物食品如芹菜等青叶蔬菜，其中除水之外，绝大部分是纤维素、半纤维素。我们食物中的纤维素只能起填充或刺激胃、肠的作用，它们是我们消化道中的"匆匆过客"，并不提供任何养分，但不可低估它们对肠道的"清洁作用"。

牛为什么能食草为生

按一般的推想，牛、马、羊等食草动物能以草为食物生存，它们的体内应当有能够水解纤维素的酶。其实不然。那么它为什么能食草为生呢？这要归功于细菌。

事实上，人的肉眼能够看到的动物，甚至白蚁，都不能消化纤维素。但是，有些微小的单细胞删去——原生动物，如枯草杆菌、孔菌等能够水解、消化纤维素。白蚁为什么能够靠吃木头而生存，奥秘就在这里。居住在白蚁肠子中的原生动物会水解纤维素，水解所得的葡萄糖，一部分原生动物自己用了，剩下的就成为白蚁的营养物质。没有这些细菌，白蚁就无法生存。

吃草的动物像牛、马、羊等，它们本身也不能消化、水解纤维素。但这些动物通常有比较长的肠子或是特殊构造的胃，这使得食物能够比较长久地在这些地方停留。这样就为生活在这些运动体内的细菌提供了机会，使它们能够把草中的纤维素水解成葡萄糖。所以，牛、马、羊等食草动物可以从草中获取营养而长大。

维护生命的"维生素"

如果说我们每天需要大量的碳水化合物的话，那么，每天我们需要的维生素的量则很小，但是它们极为重要。维生素是生命的要素，是一种隐藏在动物和植物体中的极微量的物质。在我们的食物中，它的量也极少，有时微少到只有一般食物的万分之一，但它神通广大。一旦生命体失掉它，就会生病，直至死亡。

现在人们一提到营养物质，总离不开维生素。现在人们对维生素的认识已到了一个新的阶段。而在上个世纪以前，人类对它们却一无所知，就连维生素（维他命Vi-tamin）这个词也不存在。人们公认的营养物质是碳水化合物、蛋白质、脂肪和一些矿物质，可千百年来，人类面临的却是令人困惑的局面：一些层出不穷的怪病，竟找不到治病的良方，人们认为是瘟疫在流行，是"上帝"对人类的报复……

2000多年前，古罗马帝国的军队渡过突尼斯海峡远征非洲。在尘烟蔽空、飞沙漫漫的沙漠上，士兵们长途跋涉，吃不到水果和蔬菜，便大批大批地病倒。他们的脸色由苍白变为暗黑，紫红的血从牙缝中一丝丝地渗出来，浑身上下出现一块块乌青、两腿肿胀、关节疼痛，脚麻木而不能行走，纷纷栽倒在沙漠上。夜间，军营里传出的哀号声、叫喊声、哭泣声交织成一片凄凉恐怖的悲歌，随着阵阵阴风在旷野中飘荡……多么可怕的坏血病。

13-18世纪，欧洲运洋商船上的海员们，尽管他们吃的是当时最精制的食品，但如果他们出海的时间一长，就慢慢地生起病来。

起初，他们的脸色由苍白变微黄或暗黑，牙龈出血，呼气时有一股难闻的味道，腿部出现斑点。接着，皮肤紫、全身关节疼痛、皮下出血、小便带脓，最后，呼吸困难、牙齿脱落、腿及腹部肿胀、大便秘结。病人往往忍受不了痛入骨髓的苦楚而悲惨地自杀。即使强忍剧痛，结果还是大量出血而死。

1593年，英国死于坏血病的海员达1万人。

1740年，据英国、西班牙、葡萄牙等几个著名的航海国家统计，每5个死亡的海员中就有4人死于坏血病。

因此，当时的人们把航海视为畏途，非到万不得已是不愿当海员的。

1887年的冬天，冰封雪飘的俄罗斯大地灾祸蔓延，竟有150万农奴生起夜盲症来了，其中很多人双目失明。当时有一个叫勒拉里喀的地方，全部的农奴都患了眼炎，人们就把这种眼炎称为"勒拉里喀眼炎"。

19世纪末，癞皮病像决堤的洪水，在美洲和欧洲泛滥起来。美国有17万人，意大利有10万人，法国有17万人生癞皮病，全世界有100多万人受到可怕的癞皮病的袭击。

生这种病的人很痛苦，起初，在身体裸露的地方（如手、脚）出现淡红色斑点，像被水烧伤般的焦痛，不久便生成水泡，流出一丝丝的黄水。几周后，流黄水的皮肤出现鱼鳞疙瘩，全身疼痛。接着，患者的皮肤由淡红色变成灰黑色，像犀牛皮似的粗糙；舌头通红、咽喉红肿、进食下咽十分困难；经常腹泻，大便像浆糊似的，恶臭难闻；人走路时，身体弯弯曲曲，不能保持平衡；人的神经失常，时笑时哭；最后，全身内脏器官变形坏死。

在亚洲则游荡着"吃人的魔怪"——脚气病。17世纪，不到1000万人口的印度尼西亚，每年就有10万人被脚气夺去了宝贵的生命。日本海军，脚气病成为最致命的隐忧。据日本海军统计，1806年全国海军官兵5000人，其中患脚气病的达2000人以上，死亡率也很高。多年以来，一批批经过选拔和严格身体检查的海军健儿，只要一踏上舰船甲板、过长期的海上生活，就会"染上"脚气病，脚肿得像酒坛子，走路时就像万针穿心，疼得头上直冒冷汗，吃什么药也不管用，只能眼巴巴地等着死亡。

这些病是什么引起的呢？人们千方百计地寻找缘由，寻找治疗的手段。直到19世纪末年，这和人类生命息息相关的秘密才逐一被揭示出来。

原来，这是因为人体缺少了某些特殊的有机化合物，由于它们对人体至关重要，人们称它们为维生素。

随着维生素的逐一发现，那些"翩跹的魔怪"便一个接一个地被制服。人类在研究化学的道路上不断地探索着维生素的奥秘，并取得了辉煌的成就。从此，结束了那悲惨的历史。

青少年自然科普丛书

qingshaonianzirankepucongshu

生命微观

我们为什么需要维生素

要了解维生素，我们必须从酶谈起。酶是生物催化剂，起着催化人体各种化学反应的作用。人体中的酶成千上万种。每一种化学变化都要由单独的一种酶来控制。

只要很少量的酶就可以控制一种化学变化。但这少量的酶是必不可少的。人体内的化学机能错综复杂地互相联系着，由于缺少某一种酶而减慢某一种化学变化的速度或使该化学变化不能进行的话，人的正常机能会错乱，就将导致人患上严重的疾病，甚至死亡。

人体中的各种酶是以我们食物中的物质为原料在人体内合成的。但某些酶以一定的特殊原子结合体作为其结构的组成部分。尽管我们人体能够制造机体所需要的酶，但遗憾的是，人体自身不能制造用于合成酶分子的某些特殊的原子结合体。这样的原子结合体，我们必须从食物中获取。

如果食物缺乏这些特殊的原子结合体，控制我们身体整体机能运作的化学反应的某些酶就制造不出来了，人体这架"化学机器"就出故障，人也就生病了。

维生素实际上是一些机体无法合成的、用以制造酶的必要的原子结合体。由于用以催化机体内反应酶的量很小，所以我们的食物中只需少量的维生素就够用了，然而尽管量小，但不能没有。

维生素家族

　　化学研究的深入，分离、提纯手段的更新与提高，使化学家们能够从动植物体中分离、提纯多种维生素，并了解这些维生素的性能和生理作用。其中很多维生素已被化学家用人工的方法在化学实验室中合成出来。

　　现已发现的维生素家族的成员多得惊人，据统计已突破"百"字大关，济济一堂，蔚为壮观。随着科学的发展，化学研究的深入，它的新成员还将不断地出现，不断地增加。

　　对于维生素这个庞大的家族，科学家们根据它们的"年龄"（被发现的先后）、"性格"、"脾气"（结构特点和性质）以及生理作用的差别把它分门别类，分为A、B、C、D……等。每一类就像一个"小家庭"，还可能有其它成员，如维生素B类，它的"家庭"中就有十几个成员，分别起名为维生素B1，维生素B2……维生素B12……维生素"大家庭"中还有"小家庭"，"小家庭"又成员若干，可谓"人丁兴旺"，"洋洋大观"。

　　每个维生素的发现都有着非凡的经历，也都有着生动有趣和充满艰辛的故事。每种维生素被发现的前夕，也都有着生命苦难的一页。但每当一种维生素被真正地搞清楚之后，这苦难的一页便成为令人感慨的历史。

　　维生素无论在动物或植物体内的含量都非常少，因此。化学家们是历经了千辛万苦才把它们从躲藏的地方"捉拿"出来的。

维生素A是眼睛的保护神

早在1500年前的中国南北朝，相传有一个叫王轲的青年就曾用乌鸦肝治好了他母亲的眼病，使他母亲将近失明的双目不但能看清楚东西，而且连以前那种眼球干燥、眼皮肿胀、怕光的症状也都慢慢消失了。后来，人们发现，其它动物的肝脏同样能治眼病、夜盲症等功效。这是医学史上用动物肝治疗眼病的最早文字记载。

到了20世纪初，人们发现因营养不良导致的干眼病，除了用动物的肝脏可以治愈外，用蛋白、牛油、胡萝卜……以及多种蔬菜等也可以治愈。

为什么动物肝等物质能治疗干眼病呢？直到1913年才由美国化学家台维斯等4名科学家一起把这个秘密揭开。他们从动物实验中发现，像鼠、狗、猴子等哺乳动物，如果给它们吃纯粹的糖（碳水化合物）、蛋白质、脂肪、盐和猪油，不久，这些动物就会生干眼病。而用牛油代替猪油，或在原食物中加入几滴鱼肝油，动物就不会得干眼病，而已生干眼病的动物只要喂给极少量的鱼肝油，这些动物的眼病就会痊愈。所以他们断定：鱼肝油中一定含有一种能够治愈眼病的神秘物质。

接着，台维斯等人就开始在实验室中从鳕鱼肝中提取"纯鱼肝油"。经过长时间的不懈努力，终于从中捕捉到一种物质。它是一种黄色的针状结晶，由于其熔点只有7-8℃，所以通常它是黄色的粘稠液体。这种提纯出来的物质，其效力比普通鱼肝油大好几百倍，只要一丁点就可以治好干眼病。后来，化学家们又发现了好几种这样的物质。直到1920年，英国化学家台曼俄特才正式把这类物质命名为维生素A。

科学的发展不但揭开了肝中之迷，而且还识别了维生素A的一家。从海鱼肝中提出的叫维生素A1，从淡水鱼的肝中提取的叫维生素A2，它们都是干眼病的死对头，所以人们称它们为抗干眼病的"兄弟俩"。

胡萝卜素的功劳

当科学家揭开肝中之谜时，他们发现了一个奇特的现象：牛、马、羊等食草动物不缺乏维生素A。美国科学家摩尔解剖了数百种动物，他发现，食草动物的肝中都含有较丰富的维生素A，而那些能够得干眼病的鼠、猴子等动物的肝中几乎找不到维生素A。

后来他发现，用胡萝卜之类的蔬菜喂老鼠，老鼠不得干眼病。原先缺乏维生素A的老鼠吃了胡萝卜后，干眼病也就很快痊愈。

难到胡萝卜内有维生素A吗？摩尔细心地分析了胡萝卜的成分，丝毫没有发现任何维生素A的痕迹。

莫非维生素A在胡萝卜内有隐身之术吗？摩尔和德国化学家卡勒以坚韧不拔的精神苦战数年，终于揭开了胡萝卜的秘密。卡勒从胡萝卜中提取了一种叫胡萝卜素的化学物质，实验证明，胡萝卜素很容易被氧化为维生素A。而牛、马、羊等的肝中有一种氧化酶，能够把胡萝卜素转变为维生素A，并把它贮藏在肝中。很多绿色植物中存在着胡萝卜素，所以像牛、马、羊等食草动物，尽管它们不吃动物肝脏，但它们不会缺乏维生素A。

胡萝卜内维生素A的"隐身术"终于被科学家识破了。也正是由于卡勒和摩尔的成就，他俩被誉为维生素A化学的奠基人。

胡萝卜素大量存在于黄色、绿色的蔬菜、水果中。俗话说：青菜萝卜营养好，好就好在其中有胡萝卜素和其它的维生素。由于人体肝内氧化酶的作用，能够源源不断地把胡萝卜素转变为维生素A，供人体使用。所以长年吃素食的人，身体内是不会缺乏维生素A的。

维生素B的故事

"呜……"汽笛在寒风中悲鸣，甲板上穿着海军服的日本官兵正在为因脚气病死亡的士兵们送葬。

多年来，灾难笼罩着日本海军，成批的官兵因脚气病丧失战斗力，有相当多的人还因此死亡。科学家找不出脚气病的根源，医生开不出治病的良方，舰长们急得团团转，士兵们神色惶惶然。

这是20世纪前的一幅真实的历史画页。

直到19世纪末，有一个叫高木的日本海军军医，通过调查发现，欧美海军患脚气病的人数远远低于日本海军，他细心地分析了欧美海军与日本海军伙食的不同之处，发现欧美海军官兵吃的是面食，而日本海军官兵吃的是精制白米。由此他想到，这数百年灾难的根源怕是出在这精白的大米上。高木带着这个问题，在两艘军舰做实地试验：每艘军舰各载海军官兵200名，一艘按日本海军旧制主食精白米；另一艘按欧美海军伙食标准外，再配上大麦、蔬菜、鱼肉、牛乳等。经过一年的航行，前一艘军舰上有130人得脚气病，而后一艘军舰上竟无一人生此病。

高木的试验轰动了全国。日本政府当即下令改变旧制饮食标准，仅9个月时间，就把"百年魔怪舞翩跹"的脚气病一扫而光。高木本人也因此被晋升为海军将军，并被授予高级勋章。然而，他并没有找到脚气病的病理。

后来，这奇怪的病因被荷兰医生伊克曼找到了，并且此事还与鸡密切相关。

19世纪末，美丽富饶的印度尼西亚全国脚气病像瘟疫一样蔓延，成千上万的人死于脚气病，当时的荷兰占领者也不能幸免。为此，荷兰印尼总督惊慌失措，接二连三地请求荷兰政府速派医疗队来此扑灭"瘟疫"。

1896年夏天，伊克曼医生带着一支医疗队到了印尼。不久他发现了一个有趣的现象，这里不仅人会生脚气病，连家养的鸡也生起脚气病来了。为此，他办了一个鸡场，专心致志地研究鸡得病的原因。他做了许多实验，排除了由于细菌的致病的原因。很长时间过去了，他的研究毫无进展。

一天，养鸡场的饲养员因病向他请假回家养病，伊克曼无奈只得另雇一个饲养员。说也奇怪，在新来的饲养员的喂养下，原来的病鸡那又粗又肿的鸡脚奇迹般地好了，鸡场又显示出了生机。伊克曼面对追逐嬉戏的鸡群百思不得其解。过了几个月，请病假的饲养员回来了，不久，鸡又开始生脚气病来。

面对这些奇怪的现象，伊克曼经过仔细的调查发现，原饲养员用精料喂鸡，所以鸡和人一样得脚气病，而后来的饲养员为了"捞油水"，克扣下精白米而代之以米糠喂鸡，这样鸡的脚气病就好了。

这个克扣精白米的饲养员的不良行为启发了伊克曼医生。他断定，米糠中一定有一种能够治愈脚气病的物质。后来，他用米糠浸泡过的水给患脚气病的人喝，果然像"神水"一样，"汤到病除"，挽救了成千上万的宝贵生命。

10年后，波兰化学家丰克和日本化学家铃木等人分别从米糠中提取出了犹如仙丹的特殊物质——维生素B_1。

由于伊克曼发现了维生素B_1，1929年他荣获了诺贝尔奖金。

科学研究表明，维生素B_1和人的神经细胞关系极为密切，神经细胞是人体中最敏感的"成员"。它负责传递信息，沟通全身"情报"，始终与"司令部"（大脑）保持联系。作为细胞能量的主要来源——葡萄糖，神经细胞当然是很需要的。

可葡萄糖是由淀粉本体水解来的，这需要有酶的参与。维生素B_1是淀粉水解的催化剂辅酸酶的重要组成部分，缺乏维生素B_1，辅酸酶就不起作用，这样最敏感的神经细胞就会发生能源危机，营养受到限制，从而使神经末梢萎缩；其次，造成代谢中间物——丙酮酸在体内的堆积，造成神经细胞中毒。

在这两个因素的作用下，就会引起多发性神经炎。最初食欲减退，浑身乏力、身心不安，这是全身神经细胞的功能受到障碍的反应，如果再不供给维生素B_1，病情就会进一步恶化，下肢神经末梢退化、坏死（生脚气病了）。继而发生麻痹，最后人因心力衰竭而死。

另外，维生素B$_1$可以防止醉汉和酒精性精神病病人的脑细胞坏死。这主要是因为维生素B$_1$可以参与制造足够量的转酮酶，将酒精分解。

因此，某些科学家曾建议在酒精饮料中加入少量的维生素B$_1$来防止细胞（特别是脑细胞）的破坏。维生素B$_1$除了对神经细胞、脑细胞有特殊的生理作用外，它还有能增强胃部蠕动，有促进食欲的功能。所以医生常给食欲不振的病人或正发育的小孩服用维生素B$_1$，这将有利于病人恢复健康和小孩的生长发育。

维生素B$_1$是我们人类的好朋友，谁都缺不了它，正常的人每天只需要2毫克就够了。它"居住"在粗糙的大米、麦表皮和胚芽中，因此，糙米黑面的营养比精白的米、面高。另外，青菜中也有这种天然的物质。所以，多吃新鲜蔬菜有益于身体健康。

核黄素就是维生素B$_2$，它是细胞新陈代谢不可缺少的物质。

早在19世纪70年代末，人们偶然发现煮过的隔夜牛奶在阳光下能泛出黄绿色的奇光。从那时化学家就开始捕捉这种物质，可几十年的光景过去后，却一直没能将它"抓获"。

直到1933年，美国科学家哥尔部格、格列柯和维纳总结了前人失败的教训，奋战了三年，才最终从牛奶中捉住了这种神奇的物质。它就是维生素B$_2$。

到了1935年，德国化学家柯恩和瑞士化学家卡拉破天荒地用人工方法在实验室中合成了维生素B$_2$。这样，人类再也不用费力地从天然物质中提取它了。为了表彰柯恩和卡拉的功绩，瑞典科学院授予他们俩诺贝尔奖金。

维生素B$_2$是一切生物体内一种主要的酶——脱氢酶的主要成分，它不但帮助细胞呼吸，而且可促使细胞氧化糖类物质、脂肪、蛋白质等主要食物，释放能量维持细胞活动。人体一旦缺少它，全身细胞由于缺氧而呼吸受阻，新陈代谢受到阻碍，这就容易引起粘膜组织"发炎"。当一个人患"口腔溃疡"时，医生往往给病人开些维生素B$_2$，就是这个道理。

维生素B$_2$在牛奶、蛋黄等很多食物中都有。如果不是身体机能出了故障，正常的饮食是能够满足需要的。

早在东汉末年，我国名医华佗就发现动物肝脏可以治疗贫血。这要比欧美科学家的发现早1700多年。

在欧洲，直到近代才发现肝的浸液有治疗恶性贫血的功效。从此，世界上的许多科学家就企图"捉拿"这种物质，但都没有成功。

直到1947年，美国女科学家消波在李克、史密斯等人的协同作战下，用了一年的时间，才终于从4吨牛肝中提取了1克红色晶体，经过分析，发现它是维生素B的成员。根据发现的顺序，给它起名为维生素B$_{12}$。

维生素B$_{12}$是人和动物制造红血球的主要催化剂，缺少它，人就不能生产红血球，造成恶性贫血。令人欣慰的是，在一般情况下，人类不会缺少它，因为在人的结肠中有一种细菌能够源源不断地制造它，供应人体的需要。可是，一旦这种细菌因缺乏或其它原因不能生产维生素B$_{12}$时，人就会患恶性贫血。这时，人就需要补充它，以保证人体正常造血的需要。

维生素B$_{12}$是自然界中化学结构最复杂的化合物之一。然而化学家们也已能够用人工的方法合成它了。以著名有机化学家、诺贝尔奖金获得者伍德沃德等为首的上百个化学家艰苦奋战了10多年，终于在20世纪70年代初将它合成出来。维生素B$_{12}$的人工合成标志着合成化学发展到惊人的程度，它向世界宣告：除了最复杂的生物高分子外，现在人类已能够合成存在于自然界中的任何化学结构的物质。

驱除坏血病的维生素C

　　19世纪以前，坏血病像魔鬼一样纠缠着远航出海的海员们。回想起远航贸易的商船上那一幕幕悲惨的景象，至今仍然令人胆寒。到18世纪末，一个叫伦达的医生发现，这令人恐怖的坏血病竟然可以用简单的食物如橘子或柠檬来治疗。后来他建议：海军士兵和海员，航海时每天服用柠檬汁，这样很简单地就把坏血病给治服了。

　　伦达医生用柠檬汁战胜了坏血病，挽救了成千上万人的生命。然而从柠檬汁中提取这种物质，科学家们却花了100多年的时间，经历了漫长曲折的道路，付出了艰苦的努力。最终于1924年由英国科学家齐佛从柠檬汁中提取到一种白色晶体，这就是维生素C。它要比浓缩的柠檬汁抗坏血病的效力高300倍。

　　到1933年，瑞士化学家比格司登等人用葡萄糖做原料。人工合成了维生素C。维生素C的价格大大降低，成为便宜的常见药。由于维生素C能够治疗坏血病，因此它还有一个名字叫"抗坏血酸"。

　　通过对维生素C的精心研究，美国科学家沃尔布契发现，它的生理功能之一是维持人体内各种组织和细胞间质的生成并维护它们正常的生理机能。例如，人体内骨骼的间质、血管内皮、非上皮性的粘合质以及任何纤维组织的成胶质都需要维生素C。缺乏它，细胞之间的间质——胶状物就会跟着缺少，这样，细胞组织就会变脆，失去抵抗外力的能力。

　　人体毛细管是即细又嫩的"部件"，它更需要维生素C，一旦缺少它，毛细管就变脆，易破裂，造成毛皮下出血。这就是坏血病初期表现为皮下有出血斑点和显出乌青块的原因。由于牙齿周围有丰富的毛细血管，缺乏维生素C，就容易造成牙龈出血。

　　心脏是人体的"血泵"，它周围无数的血管构成了四通八达的运输网。如果血管缺乏维生素C，就会逐渐导致血管硬化、破裂。因此，坏血病患者到晚期大多死于内脏出血。

因为维生素C可以促使各组织和细胞间质的生成，因而它有促使伤口愈合的作用。医生常给手术的病人服用大量的维生素C，就是为了促使伤口的愈合。除此之外，人们还发现，维生素C还有抗感冒和抗癌等作用。

维生素C主要存在于新鲜蔬菜和水果中，尤以辣椒、橘子、柠檬中含量为高。只要平时多吃蔬菜和水果，人就不会缺乏维生素C。

维生素家族的其他成员

维生素的家族成员很多，除以上讲的还有重要的维生素E，维生素K等。

维生素E——传宗接代的法宝。由于其化学结构上含有酚羟基，又在动物生育上起显著作用，所以这又有"生育酚"的称号。另外，人们还发现维生素E有保护细胞核抗氧化的能力。近年来，人们发现的维生素E的功能不下几十种，它有抗衰老，抗癌等作用。

维生素K——止血的功臣。没有它，一个小小的伤口对人来说都可能是致命的。维生素K是凝血酶元的主要成分，并且还能促进肝脏制造凝血酶元。令人感到高兴的是，人的肠子里有天然的维生素K的制造者——细菌。因此，在正常的情况下，人们不必担心缺乏维生素K。但对动大手术或肝脏功能不健全的人，则往往需要供给维生素K。

维生素L——催乳维生素。由于只有人类和其它哺乳动物在哺乳期才需要它，它有催乳的功能，因此被人誉为"妈妈维生素"。

维生素P——具有一种特殊的维持细胞和毛细血管正常渗透压，降低毛细血管壁脆性的作用。缺少它，血管壁容易变脆、破裂。

维生素B_6——它是专门分解蛋白质的酶——脱羧酶的主要成分。缺少它，人吃下去的蛋白质（主要是肉、蛋、奶等）就不能变成人体的蛋白质，人就会"消化"不良，导致中毒，出现抽筋、呕吐、惊厥等症状。

维生素还有许多，我们就不一一列举了，它们当中还有叶酸，它是人体内制造红血球和白血球的催化剂；还有泛酸、生物素等。有些与人的关系不大，如维生素B_4只和老鼠结下不解之缘，维生素B_5只对鸟类发生作用。

维生素的功能和其家族的成员随着人们研究的深入还将更多、更深地被揭示出来。这对于人们了解生命：这个化学反应及其相互作用的综合体将会起更进一步的作用。

维生素的来源

　　植物是维生素的基本来源。植物用非常简单的化学物质如二氧化碳、水、含氮的物质等，经光合作用和其它化学作用制造植物的一切组织物质。如果植物不能通过吸收来制造出它需要的每一种物质的话，它们就不可能生存。

　　动物能吃植物，并能利用植物组织中已经存在的各种维生素，这样动物就不需要自己来制造维生素了。动物把它们吸收的维生素贮存在酶工作时最需要的地方：肌肉、肝、肾等处，以备使用。食肉动物则以捕捉食草动物为食获取维生素。

　　动物不需要自己制造维生素并不是它功能的衰退，而实则是一种进化为较高级生物的一种表现。因为，在制造维生素时，要求每个细胞要有发挥这种化学机能的足够大的空间和环境。成百上千万年的进化使动物逐渐能够从其它的地方获取维生素，而把机体内原来必须用来制造本身必须物质的一部分空间用来发展植物所不能胜任的其它机能，如神经活动、肌肉收缩、肾脏过滤、大脑思维等。这样使动物逐步由低级进行到高级。

　　可以说，越是高等的动物（包括人），它在制造某些自身必须的物质方面的本领越差，但它可以从食物中获取这种物质，以弥补自身的不足，并发展其它方面的卓越功能。这是自然的最合理选择。

　　若动物必须由它自己来制造其组织需要的一切物质的话，那它将很庞大、很笨拙。自然生物的食物链实则为生物所需基本物质的"互补链"，其最终反映到机体的化学机能上，人类能够进化到如此高度发达的程度，其实是因为有众多已进化到一定程度的动植物作为物质的保障。自然存在的生态（动、植物及环境）可以说是人类赖以生存的物质基础，对它们的破坏无疑是对人类的扼杀。因此保护生态就是保护人类。你瞧，仅从对维生素的认识就可以看出，自然生态的食物链配置得是多么巧妙，所有生命的化学环节编排得是那么紧凑！

作为人类，我们获得维生素的途径也只能是通过吃食植物或动物。如果人们所吃的食物中缺乏某种维生素（无论是自愿还是被迫），那么某种酶就会因此不能制造出来，从而使人体的某种化学过程失调，人就会生病，如坏血病、脚气病、癞皮病或佝偻病等。

因此，从保证人体的正常需要、维护健康的角度出发，人们必须要有合理的饮食。

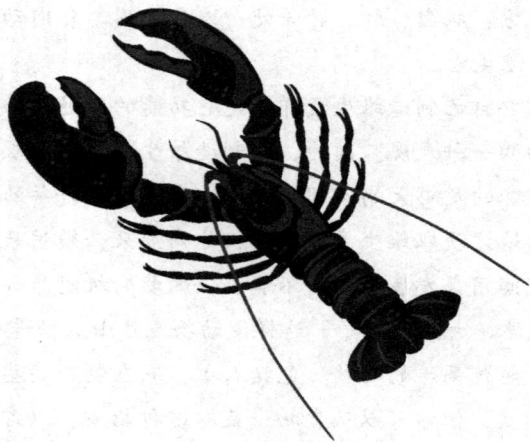

青少年自然科普丛书
qingshaoniantzrankepucongshu

生命微观

◎ 细看生命 ◎

　　在显微镜下，一个人就是一个世界，由细胞组成的生命，显示了生物界无限的多样性。整个微生物世界如同宇宙一样神秘和广大，其中有无穷的奥秘等待人类去探索……

古人朴素的认识

当我们环顾四周时，我们看到的物体都是所谓的宏观物体，要想了解微观世界的情况，就必须把宏观物体"打碎"，或者说"分解"，然后才能进行研究。实际上，早在古代，人们就已在思考这样的问题了。在我国古代著名的《庄子》一书中，有这样一段话："一尺之棰，日取其半，万世不竭。"意思是说，如果有一根一尺长的木棍，每天都把它截去一半的话，日复一日，一万代也不会有终结。这确实是很了不起的思想！当然，你可以做一下简单的计算，在头几天，甚至还可以用手去掰这根木棍，但当截到第十天的时候，剩下的就已经是一千零二十四分之一尺的薄木片了。在当时，远远没有合适的工具能把这一"取其半"的过程再继续下去。那么，怎么办呢？难道只有眼巴巴地等待着新工具的问世吗？

当然不必。别忘了，人还有一个了不起的大脑。当工具（或者用现代术语来说就是"实验手段"）还不完善时，人们可以在头脑中对所研究的对象进行抽象的思考。当你翻开任何一本科学史时，都会发现在古代萌芽阶段的"科学研究"都是这种思辨性的。

早在三千多年前，在中国就已经有了朴素的关于世界的物质组成的原始学说，即所谓的"五行说"。这种学说认为，世界上的万事万物都是由金、木、水、火、土这五种基本物质元素构成的。不同的物质元素相遇在一起，通过彼此相互作用，就产生了不同的物质。例如说，土、水、火相互作用可以生成陶器，土（即矿石）、火、木彼此作用可以炼出金属，等等。

二千多年前，在另一个文明古国，即古希腊，也产生过类似的学说。在那里，先是有人提出，世界上的万事万物都是由单一的"元素"所组成，例如像火、水，甚至"数"（一个从数字抽象出来的概念）等等。后来，又有人综合了这些见解。认为水、气、火、土皆为万物之本。就像画家用四种颜料可以调配成各种深浅的色彩一样，这四种元素按不同比例结合，也可以形成各种不同的物质。

我们可以把上述这些学说称之为"元素说"，当然，它们是很古老、很原始的元素说。这些元素说虽然与我们上面谈到的物质微观结构有一定的联系，但这些学说中的物质本原还都比较直观，因此，一些古希腊的思想家们也感到不满足，转而企图从更深的层次去探索物质的构造。大约在公元前三四百年的时候，古希腊的哲学家留基伯和德诺克利特等人提出，宇宙万物只是由两种东西构成的，这两种东西就是原子和虚空，虚空为原子存在和运动的场所。在希腊语中，原子是不可再分割的意思。这种原子论认为，世界上一切物体的不同，都是由于组成它们的原子在数量、形状和排列上的不同所造成的。一百多年以后，另一位叫伊壁鸠鲁的古希腊思想家又进一步发展了这种原子论。一方面，他也认为可以用原子在虚空中的运动、原子的分离和结合来解释一切自然现象，但他又提出，原子本身不仅有形状的差别，而且还有大小和重量的不同。因此，在某种意义上，可以说伊壁鸠鲁已经按照他自己的方式知道原子量和原子体积了。当然，这些理论还远不是现代意义上的科学理论。

青少年自然科普丛书

qingshaonianzirankepucongshu

生命微观

道尔顿和科学原子论

　　转眼间，一千多年过去了，经过了漫长的中世纪，从16世纪开始，首先是由一些哲学家恢复和发展了古希腊的原子论。后来，许多自然科学家也加入到这一行列里来。其中，包括像著名的波义耳和牛顿等人。例如，牛顿就认为，一切物质都是由不可再分的原子构成的，不同的原子大小、形状、密度和内部的吸引力也不同。他甚至以此来解释一些当时已知的化学反应。

　　然而，真正的科学原子论的出现，主要标志是人们对原子量的认识。在这方面，做出了开创性贡献的，是一位名叫道尔顿的英国科学家。道尔顿曾经当过中学教员和家庭教师，除了教授数学和哲学外，他对气象学也很感兴趣，曾在五十多年中日复一日地坚持记录气象观测结果，总数竟达两万多次，可见其意志之坚强。然而，真正使道尔顿名垂千古的，却是他关于原子论的工作。在19世纪初，道尔顿提出，化学作用的最小单位是原子，任何元素都是由同一种类的原子所构成，原子在化学变化的过程中不会改变。同一类元素的所有原子都具有相同的质量，而不同种类元素的原子质量则不一样。因此，原子的质量是元素的一个重要特性，每一种元素都可以用其原子量来代表。进而，他假定已知最轻的元素氢的原子量为1，并由此推算出了14种元素的原子量。当然。由于当时知识水平的限制，道尔顿在某些例子中所推算出的原子量与我们今天知道的精确值相差较大，但无论如何，道尔顿建立的科学原子论真正为科学开辟了一个新的时代，也对人们在物质结构方面的认识起了相当大的推进作用。在此影响下，随着有机化学结构理论的提出，到19世纪60年代，一些化学家甚至声称：无论是什么东西，只要知道了它的化学结构，就可按照化学成分把它构造出来。

至此，由于在原子论基础上发展起来的化学在各方面的成功，人们对于原子论的信念进一步加深了。但是就人们对物质结构的认识来说，道尔顿的这种原子论是否真的就是最后的结论？原子是否真的就是不可再分割的构成物质的最小单位？还有待深入研究。

生命是什么

我们身在其中的大自然是满足我们好奇心的源泉，它是那么博大，那么多姿多彩，又那么奥妙无穷、深不可测。自从人类有了自我意识，便按捺不住自己的好奇心，不顾一切地想把大自然看个究竟。

有的人清晨早早起床，跑到树林里去，看是什么鸟唱得那么好听；有的人则白天大睡懒觉，养足了精神，晚上爬上房顶，静静地仰望天空，数一个通宵的星星；有的人背上干粮，带上饮水，一进深山就是几个月，去看老虎是怎样生活的；还有些人常常潜入海里，想看看哪种鱼游水游得最快。慢慢地，人们看到的树林越来越多；见过的星星越来越多；老虎怎么生活已心中有数；海中之鱼谁游得最快也渐渐清楚。而且还知道星星、太阳、月亮、高山这些东西是没有生命的，而小鸟、老虎、鱼以及我们人类都是有生命的。人们把自己所知道的这些大自然的秘密积累起来，流传下来，这样科学就产生了。人们还聪明地把研究太阳、月亮和星星的科学叫作天文学；把研究树木、小鸟和老虎的科学称为生物学。随着时间的推移，各门科学越来越发达，对大自然的了解越来越多，然而大自然却像是和人类开玩笑，总让你猜不透，为你留下许多解不开的谜。这其中最久远的一个谜便是"生命"，也就是让人类回答"生命是什么"？

我们已经知道，周围的自然界按其性质来说，可以分为非生命的自然界和生命的自然界。前者如空气、水、岩石、日月星辰等；后者如动物、植物以及在显微镜下才能看到的微生物等。人们还知道，有一门专门研究像动物、植物、微生物等这类生物的生命活动规律的科学，叫作生物学，这门科学的使命是阐明和控制生物的生命活动，使它们为工业、农业和医学服务。

尽管我们已经知道生物（有生命的物体）有哪些类群，也能很容易地给生物学下一个定义，但却无法用准确、恰当的语言正面回答"生命是什么？"这个古老而又深刻的问题。只能概括出一些生命的基本特征，从侧面勾画出生命的轮廓。这种现象说明，人类对生命的本质还缺乏深入的了解，但随着生命科学的发展，我们将一步步揭开生命的谜底。下面列出的这些特征是生命所共有的：

生存生命具有顽强生存下去的特征。当你要除去花园里的杂草，除掉你房间里的各种害虫或你鱼缸中的藻类时，你就会发现生物具有顽强生存下去的能力。生物体为了活下去，就必须具有坚韧的性格。例如，你的心脏能够年复一年的有节奏地跳动，企鹅能在寒冷的南极孵育它们的下一代，地衣能挣扎在干燥裸露的岩石表面而生存下去……生物体为了生存，都要适应于它周围的环境。同时，生物体为了生存，还必须进行繁殖。只有进行繁殖，才有助于生命的生存和延续。生物体能不断地从环境中，按照自身的需要将物质摄入体内，以便保证自己的生长和修复。总体来说，生物体通过它的适应性、生长、修复和繁殖能力等来保证它的生存，这是生命的基本而又普遍的特征。

新陈代谢，生物体需要不间断地从环境中吸取养料，并把身体里的废物排泄出去。这样，生物体便与环境之间进行了物质交换和能量的转换，这便是新陈代谢。这是生物体进行一切生命活动的基础。

结构和组成成分的复杂性，生物体都是由化学元素和由化学元素构成的化合物构成的。这些化合物的结构相当复杂，由这些化合物构成了细胞，由细胞构成了组织和器官，再进一步构成结构与功能都相当复杂的身体。

调节，生物体都能自动地调节，以便保证生命活动的秩序和协调，同时适应环境的变化。

应答反应，生物体都有对环境变化作出反应的能力，这种能力叫作"应激性"。例如，用光照射人的眼睛，人会马上闭眼；用针刺小猫，小猫会惊叫；等等……

青少年自然科普丛书

qingshaonianzirankepucongshu

生命微观

生命起源的认识史

当今地球上的生物五彩缤纷、绚丽多彩，构成了优美无比的自然画卷。然而，好奇心十足的人类并不满足欣赏这已经完成的画卷，又在追问："画面上这些千姿百态的生物是从哪儿来的呢？"这个问题就是生命起源之谜。

基督教的经典《圣经》在开卷第一节《创世记》中指出：万能的上帝耶和华在造出天、地、海洋之后，感到不够完美，于是又造出了鸟、雀，让它们飞行于天；造出鱼类，让它们游于水中，造出林木和动物，让它们分布于陆地；并用泥土按照自己的形象造出了人类的始祖亚当，然后又取出亚当的一条肋骨造出了第一个女人夏娃给亚当做妻子，让他们生息繁衍。这样一来，生命起源的问题就全解决了。这就是人类对生命起源问题的第一种解释，即"特创论"。

这种观点认为生命是一种超自然的、永远不能理解的，不能用模仿的方法创造出来的，而只能由上帝来特别创造。这种观点在历史上曾长期统治人们的头脑，但在科学发达的今天，已没有什么人再相信了。

人类对生命起源的第二种解释产生于一世纪。这种观点认为：无生命物质可以直接转变为生命物质。按照这种观点，腐肉不经过苍蝇产卵就可以生出蛆来，肉汤可以直接长出细菌。这种说法被称为"自生论"。

法国微生物学家、化学家巴斯德用严密的实验彻底否定了这种观点。实验证明：如果苍蝇不在腐肉上产卵，是长不出蛆的；如果肉汤与空气隔绝，不让空气中的细菌落入肉汤，那么肉汤是不会长出细菌的，巴斯德虽然用他的精彩实验否定了"自生论"，但他并没有能够解决生物起源的问题。

第三种观点是英国生物学家、"进化论"的创立者达尔文1871年提出的。他认为地球上的生命是通过自然的化学过程发展变化而来的，并且认为这个化学过程在今天的实验室里还是可以模拟的。

上述三种历史上的解释，前两种已被科学的事实所否定，而第三种至今还在影响着现在的科学家们。然而，地球上的生命到底是如何起源的，到目前为止，仍然没有统一的认识，只是停留在某些假说阶段。

德国哲学家恩格斯在19世纪70年代曾精辟地指出："生命的起源必然是通过化学的途径实现的。"

100多年来，各国科学家从各方面探讨生命起源奥秘，虽然生命起源之谜还没有完全揭开，但已经形成了越来越有说服力的假说，其中最著名的是苏联科学家奥巴林提出的"异养假说"。

奥巴林（1894-1980年）于1894年3月2日生在俄国雅罗斯拉夫尔省的乌格利奇市。他在上完中学以后，于1912年开始在莫斯科大学学习化学。在1917年通过国家考试之后，奥巴林就成了植物生理学助教，后来又成为讲师。1922年，奥巴林到德国海德尔贝格去，在那儿研究发生学问题。两年之后，出版了他的第一部著作《生命的起源》。在这部著名著作里，他在生物化学、地球化学和宇宙学的大量材料基础上，提出了生命起源的原生物进化假说，即"异养假说"。奥巴林认为生命的起源是一个化学进化过程。是通过如下几个阶段完成的：

（1）原始的大气层中含有的氢，以及被氢还原的气体甲烷、氨和水蒸气等是形成生命物质的基本小分子无机物，那时大气层中不含氧和氮。

（2）上述小分子无机物溶解于倾盆大雨之中，被带入新形成的原始海洋（距今大约35亿至46亿年之间）。在电闪雷鸣、宇宙射线、紫外线、X射线等能量的作用下，这些小分子在海水里慢慢地进行着化学反应，形成许多小分子有机化合物。例如，甲醇、甲烷酸、糖类、脂肪酸、氨基酸和杂环碱基等。

（3）溶于海水中的有机小分子，形成一薄层热"汤"，在这层热汤里，有机小分子连结在一起形成大分子，例如蛋白质和核酸。

（4）大分子形成分子团或大颗粒。

（5）分子团或大颗粒被一层膜所包围，形成了像病毒那样的简单细胞的原始生物，这类生物是异养生物，利用薄层热汤中的有机物作为养料。这一阶段又可称为多分子体系，呈现出最初的生命现象，构成了前细胞型生命体。

青少年自然科普丛书

qingshaonianzirankepucongshu

生命微观

（6）前细胞型生命再进一步复杂化和完善化，演变成为具有完备生命特征的细胞。

现在已有一些实验证明了这一假说的正确性，而且大多数科学家支持生物起源于原始海洋的学说。

到底海洋是不是生命的摇篮，科学将最终给我们做出明确的回答。

达尔文与进化论

通过地质学、古生物学、生物学等学科的大量研究，人们已经知道，自从地球形成以来，地球上曾经生活过16亿到160亿种生物，而现存的生物却只大约有200万种。这就是说，原有物种中的99.9％都已灭绝了，现在生存的只不过是原有物种的0.1％。

通过已灭绝生物的化石与现存生物的比较研究，可以看出现存生物比古生物在结构和功能方面更为进化，更能适应自然环境。更富有生活能力。这些现象说明：生物是不断地由低级向高级发展变化的，也就是说生物是在不断进化的。

人类关于生物进化的思想由来已久，在我们中国，汉代的贾谊、王充、宋代的张载、沈括，都曾阐述过生物进化的思想。在西方，进化思想更是一脉相承。古希腊的埃纳沙果尔、亚里士多德，罗马帝国时期的鲁可来斯，近代欧洲的布丰、拉马克、华莱士和达尔文，都把生物进化的思想发扬光大。尤其是达尔文，他不仅用自己丰富的见闻和资料证明了生物进化的现象，而且精辟地指出了生物进化的原因，使人类对于生物进化的思想阐述得空前深刻。由于达尔文的非凡努力，"生物进化说"的观点，科学而严密地被确定了起来。扑朔迷离的生物世界一时间变得井然有序，容易理解了。

达尔文（1809-1882年），1809年2月12日出生在英国施鲁斯伯里城。他是一位富有医生的第5个儿子。达尔文出生的这一天，世界上两件有意义的事情发生了。一件是因废除黑奴制度和领导南北战争而享誉世界的第16届美利坚合众国总统亚伯拉罕·林肯出生在美国堪萨斯州的一座小木屋里。另一件事是著名的进化论学者拉马克的重要著作《动物哲学》出版。

达尔文没有卓越的大学成绩，少年读书时不喜欢学校的课程，把青少年时代消磨在采集岩石、打猎、捕捉动物、射击比赛和阅读自然史（生物学和地质学）方面。他的父亲预言说："这个孩子将来不但使家庭羞耻，而且必使他本身羞耻。"他的父亲先叫他学医，但有一次，他看见医生为一个小女孩施行外科手术时，鲜血淋漓，加上那个时代没有麻醉药，小女孩哭叫不止。从此达尔文厌恶学医，离开了医学院，此后再不踏进医学院的大门。他特别喜欢昆虫和鸟类，可以从中取乐。他勉强进了剑桥大学，学业仍无显著进步。他的老师植物学家亨斯娄，建议达尔文进行地质学研究，并使他认识了地质学家塞基威克。1873年达尔文陪同塞基威克到北威尔士作了一次地质考察，后来又把达尔文推荐给一位名叫菲茨·罗伊的军官，作为"自费的自由博物学家"，陪同这位舰长登上英国政府派出的探险船"贝格尔"号作环球旅行。按照达尔文自己的评价，这次旅行是他一生中"极其重要的一件事"。当时，达尔文22岁，他对这次旅行十分感兴趣，表现出了极大的热情和决心。事实上，这次旅行造就了一位伟大的进化论学者。

1831年12月27日，达尔文和探险队员"贝格尔"号船出发。"贝格尔"舰只有28英尺长，全船75人。目的是到南美洲搜集学术、经济、航海等各项新的资料。航行用了5年时间，于1836年10月2日返回英国。这次航海使达尔文大开眼界，头脑里充满了生物进化的思想。他在写给德国博物学家赫城克尔的信中写道："在南美洲有三件事给我留下极为深刻的印象，第一，愈自北往南愈觉得许多邻近的生物物种彼此互相连续，彼此互相交替；第二，南美洲沿岸各岛屿上的生物物种和大陆上固有的生物物种都有亲缘关系；第三，现存的贫齿类和啮齿类与古代灭绝的同种物种有密切关联。"确实，达尔文5年的航海生活，成为科学史上一次非常重要的航行。

"贝格尔"号先沿南美洲东海岸南下，然后沿西海岸北上。在这期间，达尔文不辞辛苦地搜集各种动植物资料。他的最惊人的发现来自格拉帕哥斯群岛。该岛位于厄瓜多尔以西650英里的太平洋中。他们在岛上逗留了5周。在这5周中，最吸引达尔文注意的是生活在该岛上的地雀的多样性。

格拉帕哥斯是一个火山岛，这个岛由15个小岛组成，在这15个小岛上生活着14种地雀。这些地雀的形态多样，主要区别是喙的形状和大小不同。这些地雀的生活习性也有所不同，有的吃植物种子，有的吃仙人掌的种子，有的吃昆虫，有的吃植物果实。

达尔文认为这些特殊的雀类在世界其他各地区并不存在，他分析这些特殊的种与南美洲的一个种非常相似。他断定，最合理的解释是：它们都是大陆雀类的后代，由于长期隔离在岛上因而发生了变异。变异的原因在于觅食方式不同，形成了各种形式的喙。

为什么岛上的雀类与大陆的雀类在食性和形态特征上都有所不同呢？这个问题曾使达尔文困惑多年，后来，他理解了这种现象。他认为移居到岛上的雀类繁殖到种子不够吃时，只有那些强壮的、善于找到食物的雀能够活下来；而另一些雀只好改吃仙人掌种子、果实和昆虫，否则就无法生存。久而久之，不仅这些岛上的雀与大陆的雀不一样了，而且同样是岛上的雀，由于食性不同，慢慢地也变得彼此有异了。这些变化都是环境改变造成的。环境变了，迫使生物也得改变自己以适应它，只有适应者才能继续生存。这些生存者随环境的不同，终于形成了不同的种类。

达尔文经过5年的长途航海生活，日夜劳心焦思，回国后，隐居在伦敦郊区道恩他的乡村住宅中，结了婚，过着安居的生活。他一边读书，做实验，一边整理他所采集到的标本，细心思索他所见到的现象，总结出了几条具体的结论：（1）相邻相似的物种，很可能是由一个共同的祖先派生出来，后来由于它们的生活情况和环境不同，才产生了各种变化；（2）一切生物都有变异性，变异性是生物中一种普通的法则；（3）因环境影响而引起的变异和生物体内物质产生的变异，如果能够遗传，就可以解释自然界普通存在的进化现象了。达尔文为了解释上面的论点，大量搜集了资料。他用心观察研究日常所见的家养动植物的变化，他体会到许多优良品种由于人工淘汰劣种和人工保护良种，才能够继续繁殖。人工淘汰，对于淘汰劣势种、保留优势种是非常重要的，这对达尔文建立进化论学说是一个重要的启示。

达尔文经过长期艰苦细致的研究与思考，加上其他一些社会因素的促进，尤其是一位名叫华莱士的职业采集家也在进行着与达尔文类似的工作，并初步得出了几乎与他相同的结论，这些对达尔文有很大的促进和推动，于是，达尔文急速地整理他的著作，于1859年11月出版了世界著名的巨著《物种起源》。这部著作由于生物进化的证据充足，并且用自然选择的理论来解释生物进化的原因，获得了全世界的肯定和赞誉。

达尔文的《物种起源》奠定了进化理论的科学基础，自然选择这一进化理论是建立在对生物界的普遍观察的基础上，并且受到了地质学家赖尔的"渐变论"和马尔萨斯的"人口论"的影响。这一理论的要点是：生物界普遍存在遗传的变异现象；在自然选择的作用下，那些有利于生物生存的变异被保留下来，因此，生物一步步得到进化；由于食物和其他生活资料有限，而生物的繁殖力又很强。所以生物繁殖过剩，数量太多。为了生存，生物种与种之间，种内个体与个体之间势必发生生存斗争；那些能够适应自然环境，并在生存斗争中获胜的优良物种就生存了下来，而那些不适应环境，在生存斗争中失败的劣势物种就被淘汰掉了。

达尔文的进化论科学地说明了生物进化的原因，推翻了生物起源的"特创论"，因而曾受到来自宗教势力的强烈的人身和学术攻击。但是真理之光是挡不住的，现在达尔文的进化论仍被人们所接受。像所有的科学理论一样，进化论也不是尽善尽美的，它也在发展和变化。

青少年新科普丛书

qingshaoniananxinkepuongshu

生命微观

细胞是生物大厦的砖块

细胞是一个迷人而神秘的小东西。它就像建造大楼的砖块那样，以各种奇妙的方式组合在一起，造出了翱翔蓝天的雄鹰，盘距山岗的猛虎，深潜水中的鲸鱼，高耸入云的红杉，以及坐在办公室里的万物之灵——人。

细胞的种类繁多，数目庞大。构成人体的细胞。数量可达几万亿个。它们是神经细胞、肌肉细胞、腺体细胞和血细胞等。正如上述这些细胞名称所表示的那样，不同类型的细胞形成不同的组织，再由组织构成特定的器官和系统，执行其特定的某些功能。各种细胞在表达这些特定功能上，往往起着重要作用。

例如，肌肉细胞具有收缩的能力。猫、狗、老虎这样的哺乳动物，具有与人类基本相同的细胞类型。如果把一只小老鼠和一只大象放在一起，它们在外形上的差别非常明显。但是，如果把小老鼠和大象的心脏取出来，这两种心脏在结构上差别不大。如果把这两种心脏的细胞分离出来，放在显微镜下观察，对一个没有受过专门训练的人来说，就根本看不出有什么不同了。大树和鸡，在外表上看起来毫无相同之处，但是要把组成它们身体的"砖块"取出来看看，就相差无几了。

细胞的形状虽然多种多样，但基本结构是相似的。动物和植物以及像蘑菇、木耳、酵母这样的真菌，它们的细胞都有基本相同的结构。每个细胞都有细胞膜、细胞质和细胞核。

细胞膜包在细胞的外面，细胞核位于细胞的中央；细胞质位于细胞膜和细胞核之间。有些细胞核的细胞，一般称为"真核细胞"。植物细胞和动物细胞有点儿区别，植物和真菌细胞的细胞膜外面比人和动物多了一层"细胞壁"。

真核细胞是比较复杂、高等的细胞，还有一类叫作"原核细胞"的细胞，例如，细菌、蓝藻等。这些原核细胞比真核细胞还要小几十多倍。而最主要的特点是细胞里没有细胞核。

细胞学说的兴起

我们平时只能看到由细胞构成的花、草、鱼、虫和飞禽走兽。但肉眼却看不到构成它们的"砖块"——细胞，因为它们实在太小了。细胞的大小是用微米（1微米＝10^{-6}米）来度量的，这样小的尺寸很难想象。

以一个普通真核细胞为例，它大致呈圆球形状，其直径为25微米，这就是说，10亿个细胞紧挨在一起，相当于1立方英寸。细菌的直径为1微米。这么小的东西，人类是怎么发现它们，并且和它们打交道的？细胞世界是用肉眼看不到的。直到17世纪中叶，一些好奇心很强的人，凭借灵巧的双手开始研磨透镜，并利用透镜扩大他们的视野，人们才开始了解和探索这个细胞世界。英国科学家罗伯特·胡克（物理学家、气象学家、生物学家、工程师和建筑师）是第一批显微镜制作者之一，他的显微镜是他那个时代最杰出的产品。1656年，胡克出版了一本名为《显微图》的美国画集，描述了他用显微镜观察到的结果，其中一张图是软木切片呈现出蜂弓状结构。这是一种有规则的"显微孔"或"细胞"的排列状况。胡克在描述中使用了"细胞"这个词，原意是小室，这个词从此沿用了下来。

荷兰人安东尼·冯·列虎克是胡克的最有天才的同代人之一。他制造了200多台设计十分奇特的显微镜，成功地把物体放大了270倍。他首次观察到血细胞、精子以及细菌。令人惊奇的是，他把所见到的细菌画得非常精确。

但早期的显微镜毕竟不够清晰，对所观察的细胞的细节要用想像力加以补充。然而，许多人不能充分运用这种想像力，有的人则充分地利用了这种想像力，但遗憾的是，这种想像力导致了一些大错误。

因此，长期以来，显微镜只是在细胞世界的外围绕圈子，直到1827年，意大利物理学家艾米斯格才成功地改正了透镜的主要光学像差，从此大大地提高了物像的清晰度。数年之后，便形成了一个概括性的理论：一切植物和动物都是由一个或数个相同的单元——细胞所组成。这个理论是1837年由德国植物学家施莱登就植物方面所提出的，而由他的朋友生理学家施旺把这个理论推广到动物方面。

随后德国病理学家魏尔啸使这个理论日臻完善，并提倡把细胞理论扩展到病理学。他于1858年出版了《细胞病理学》。到19世纪中叶，细胞理论已牢固建立，细胞科学开始兴起。1884年，卡诺伊在比利时劳汶的天主教大学创办了第一本专门报道细胞生物学的杂志《细胞》。

早期人们对细胞的认识是随显微镜的进步而发展的。恩格斯把细胞说列为19世纪自然科学三大发现之一，它的意义重大，整个生物界生细胞结构上统一了起来。此后，人们又发明了一些方法，如细胞化学、细胞培养、电子显微镜、同位素示踪，NBA重组等来研究细胞。尽管还有许多细胞之谜没有解开，但人类毕竟对细胞已经有了一定的认识了。

细胞最外层的细胞膜，主要是由类脂和蛋白质构成的，其中还有一些糖类。它在细胞的生命活动中起什么作用呢？现在已经知道，它的主要功能有如下几个：（1）维持细胞的通透性，选择性地让一些物质进入细胞内。以便保持细胞的正常生命活动。（2）细胞膜上有多种蛋白质分子构成的载体，一些特殊的细胞外化学物质与这些膜上的蛋白质载体结合，便可以启动细胞里的某些化学反应过程。（3）细胞膜上还有一些蛋白质能够识别"自己人"和"外来人"，像吞噬细胞能够准确地在身体内认出侵入的病菌而把它们杀死，但它不会吃掉"自己人"。

细胞膜里面就是细胞质了，这像是一个小湖，里面有许多液体，会有大量生命活动所需的物质；其中还有许多叫作细胞器的小东西，例如线粒体、高尔基体、溶酶体等。线粒体是细胞的"发电厂"，可以产生能量。高尔基体是个"化学加工厂"，对一些化学反应的产物进行加工。溶酶体则是清洁工，对那些进入细胞里的脏东西进行清除，保证细胞的健康。还有一些其他细胞器，它们团结合作，共同保证细胞正常生活。

细胞中的细胞核是细胞的重要部分，里面有由遗传物质染色体组成的密码库。这些染色体含有的遗传信息，可以准确地传给下一代细胞，使下一代能够具有同样的性状特点，而保持遗传特性。

细胞怎样产生下一代呢？体细胞靠的是进行有丝分裂。体细胞都在不断地一分为二、二分为四地分裂者，不同的细胞，分裂的速度不同。脑细

青少年百科科普丛书 qingshaonianbaikakepucongshu

生命微观

胞分裂最慢，而皮肤细胞则分裂最快。

细胞分裂前，它的遗传物质先要进行复制，变成两套遗传物质，然后细胞才分开，成为两个细胞。体细胞进行有丝分裂是有周期性的，有丝分裂的周期称为"细胞周期"。

细胞周期一般分为分裂期和间期（不分裂的时期），分裂期很短，而间期由于要为分裂期作准备，因而时间较长。细胞周期还可以进一步划分为四个时期；脱氧核糖核酸合成前的准备期；脱氧核糖核酸合成期；有丝分裂前准备期和有丝分裂期，当一个细胞周期完成时，这个细胞便分裂成了两个细胞。

人和多细胞动物在生命最初，都是开始于一个细胞——受精卵。后来，这个细胞不断分裂，不断变化，才成为你和我这样的人，或者其他各种动物。一个细胞为何后来转变成形形色色的细胞呢？比如形成肌肉细胞、神经细胞、血液细胞等，这是因为经过了细胞分化的过程。

细胞是生命大厦的"砖块"，要深刻认识生命的本质，就必须从研究"砖块"的特点入手。现在有许多关于"砖块"谜没有解开，让我们共同努力吧！

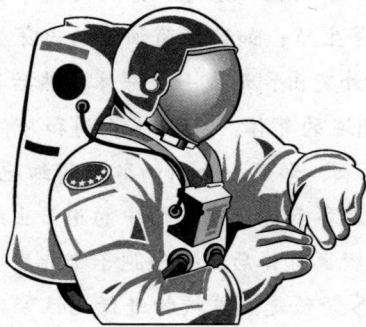

生物的生殖方式

无论是结构简单的细菌，还是结构复杂的哺乳动物，都能够繁衍不绝，表现出生命的连续性。生命的连续，是通过生殖作用来实现的，所以生殖作用是生物繁衍后代的能力，是维持生物种族生存的必要手段。

什么是生殖呢？在生物学上所谓生殖是指上一代个体通过自己的生殖细胞的增殖，产生出能独立生活的下一代个体的过程。例如：雄狮的精子和雌狮的卵细胞结合以后，受精卵发育成幼狮的过程便是生殖的一个例子。生物界的生物种类多种多样，生殖方式相应地也是多种多样的。生物的生殖方式可分为两大类：一大类是无性繁殖，即不经过生殖细胞的结合，由母体直接产生出新个体的生殖方式；另一大类是有性生殖，即经过两性生殖细胞的结合（也叫受精），产生出合子（受精卵），由合子发育成下一代的生殖方式。

无性生殖是比较原始的生殖方式。无性生殖主要有下列几种方式：（1）分裂生殖：如细菌由一个细胞一分为二，成为两个新细胞，这便是分裂生殖的方式。（2）出芽生殖：如酵母菌细胞的出芽生殖。酵母菌细胞首先由母细胞的一部分向外突出，形成一个芽体，然后再在突出部分紧缢，形成与母体细胞暂时相连的芽体。当芽体长到和母体细胞差不多几小时，就从母细胞上脱落下来，形成一个新的酵母菌细胞。（3）孢子繁殖：在低等植物的藻类，真菌界和原生动物门中的孢子虫纲的生物，都能够形成无性孢子。无性孢子脱离母体后，每个孢子都能发育成一个新的生物体。（4）营养繁殖：营养繁殖是高等植物进行无性繁殖的一种方式。由植物体的营养器官——根、茎、叶产生新个体的生殖方式。例如，甘薯的块根能在土壤中产生出新芽，由新芽形成新的植株。可以利用压条法、插枝法培育优良果树。

有性生殖是生物界普通存在的一种生殖方式，尤其是在动物界中更为普遍。有性生殖的后代，具备两个亲代的优点，能够更好地适应外界环境。有性生殖之所以能提高生物体的生活力，主要是由于进行有性生殖的两个配子都可以为子代提供遗传信息。有性生殖的类型，可以分为下列几种类型：（1）接合生殖：接合生殖多发生在低等生物类群。如有些低等植物进行有性生殖时，细胞互相接合，原生质融合为一个合子，合子发育成一个新的个体，这就是接合生殖。（2）配子生殖：由亲体产生的有性生殖细胞——配子，相配成对，成为合子，由合子经过发育，成为下一代的新个体。（3）卵生：动物大多数为卵生。水生动物多是进行体外受精，精子和卵细胞都产在水中，精子和卵细胞随水流随机结合，受精率一般比较低，恒是以产卵量大来加以补偿。（4）卵胎生：卵胎生的动物也产卵，卵在母体内受精，受精卵留在母体内的输卵管中发育，直到胚胎发育成为幼体后，从母体中产生。某些毒蛇便是卵胎生。这种生殖方式，对于生活在高山及寒冷地区的生物提高后代的成活率具有重要意义。（5）胎生：这是哺乳动物的生殖方式。进行体内受精，受精卵在雌性体内发育，成熟后以胎儿的方式娩出。我们人类也是进行这种生殖方式。

　　上面简要地介绍了生物生殖的类型和主要方式以及意义。然而，生殖过程是一个非常复杂和多样化的生命现象。还有许多问题有待于今后的研究给予解答。

从卵到蛙的过程

住在池塘或者水田附近的人，每当四五月份的夜间，往往会被蛙声吵得睡不着觉。外出散步时，也常常可以看到水中的蛙卵和蝌蚪。蛙类有冬眠的习性，每年惊蛰，也就是太阳黄道位于345度时（相当于3月5日或6日），它们从冬眠中醒来，为产卵而汇集在一起。在池中雄者求雌，出现鏖战般的骚乱声。得胜的雄蛙将雌蛙紧抱，在雌蛙产卵时排出精子。精子和卵子结合成受精卵，然后发育成第二代蛙。

在池塘中，雌蛙产下的卵在受精后的一瞬间，新的生命开始了。我们通常看到的蛙卵已经是受精卵，正在进行分裂，它逐渐变成下一代蛙。受精卵是多细胞个体的开始，这个不仅仅限于青蛙，而且是适用于许多生物的共同规律。它在包括人类在内的哺乳动物中，个体的生命是从诞生那天开始的，年龄也是从诞生那天算起。鸟类和爬虫类则不是以小动物的形态离开母体，而是以卵的形态出生的，它们的诞生则是从卵孵化成为小动物后算起的。

但是，哺乳类的胎儿在出生前就已在母体内进行生命活动了，可以说，胎儿时期的变化比起出生后的变化主要是身体长大，各部分比例有改变，如头部由占体长的1/3变为占1/8，并且形成腰部曲线。人的受精卵的大小约为0.1毫米，用肉眼观察，只不过是个刚可看到的小点。受精作用是在母体的输卵管上部完成的，受精卵经过几天后才到达子宫。这就是说，当母亲还没有察觉，受精卵还没有定居于子宫时，新生命就开始了。

从一个受精卵到新个体的形成，这是一个非常有趣的过程，最初只不过是一个细胞的受精卵，通过无数次细胞分裂，增加了细胞数量，逐步改变了形状，形成了许多器官。由一个球形的卵，经过发育，形成了鳃和心脏，血液开始流动，出现新生命的气息。这简直是"生命的戏剧"，令人对生命感到十分惊奇。

胚胎发育是怎样进行的呢？首先，受精卵通过分裂一变二，二变四……细胞数不断增多。所有生物的受精卵都是一个单细胞。人类的新生儿诞生时是由大约3兆个细胞构成的。不仅仅细胞数量增多，而且还发生着形态的改变。

　　慢慢地反复和分裂的细胞团中央出现了空隙；细胞进入空隙而形成胚层，一般来说，形成三个胚层，即外胚层、中胚层和内胚层；不同的胚层再继续分化、发展而形成一定的器官。皮肤的表皮、神经系统、感觉器官由外胚层形成；骨骼、肌肉和皮肤的真皮等由中胚层形成；而消化管壁、肺、肝脏的主要部分是由内胚层形成的。从哪一个胚层形成哪些器官，这一点在许多动物中都是相同的。胚胎继续发育，到一定时候，身体的各个部位都已发育完成，这时蛙的受精卵便变成了蝌蚪，能够在水中自由活动了。再经过一段时间的变化，蝌蚪就成为一只青蛙了。在人类，胎儿在母体内发育280天后分娩而出，开始了他的人生之旅。

　　一个受精卵为何能如此神奇而又精确地发育成一个个体，这是生物学家们十分感兴趣的问题。

龙生龙，凤生凤

常言道："龙生龙，凤生凤。"子女与父母不仅从脸面到声音有惊人的相似之外，而且言谈举止也颇有雷同的地方。这种生物世代之间的相似性就是人们常常谈起的遗传。尽管子女们像自己的爸爸、妈妈，但他们毕竟不是与父母一模一样，而且同胞兄弟姐妹也不完全相似，这样的现象与遗传现象同样普遍，并与遗传关系密切，我们人类早就注意到了生物的遗传和变异现象，并试图进行解释。最早的遗传思想可以追溯到什么时候？确实是无史可考。想必人类在进行牧畜和种植时，就有意识或无意识地注意到了生物性状可世代相传的问题了。我们还是先听听被世人公认为第一个系统研究生物学的前辈亚里士多德对这个问题的看法吧！

亚里士多德被誉为古代最伟大的思想家和第一个最博学的人。他于公元前384年出生在古希腊的斯塔吉拉城（马其顿）。其父是马其顿国王阿明塔的御医，这位父亲要求他的儿子也从事这一职业。因此，亚里士多德在青年时代就被劝告要观察许多生命现象。当时，他认为生物具有共同的基本功能，生物取得食物的目的是为了建造自己的身体。他还认为，生殖是生物制造像自己本身这样的新个体，而子代之所以像亲代是由生殖造成的，妇女的月经血就是胚胎生成的物质，但决定性的作用则在于通过男子精液和非物质的传递形式和运动。子女与父母之所以有不像之处，亚里士多德认为，这是因为月经血的基质中的作用力对各种男性运动所起的抑制作用。父母的性状原封不动地传递给后代是极其可能的，而不同程度的偏离则是可以出现的。

这位先哲的思想，现在看来是如此肤浅，但在当时却是十分重要。实际上，他已经认识到有遗传因素在起作用。他的这种思想一直延续了2000年左右。

青少年自然科普丛书

qingshaonianzirankepucongshu

生命微观

遗传学的建立

到了18世纪，开始出现了遗传性疾病的报告，例如多指畸形、血友病等。在研究遗传病的同时，人们还考虑到人的才能是否可以遗传的问题。其代表人物是高尔顿，他是一位医学遗传学经验研究的创始人，也是"优生学"这个名词的创造者。他认为人的智能可以高度遗传，可以通过使用育种技术加以改良。当时，他读了很多社会名流的传记，考察了最有名的将军、作家、数学家、科学家、诗人、画家、音乐家的家系，然后再与划船能手、拳击师等一般平民的家系作比较。结果发现：连续出几个有才能人的家庭，要比只出一个有才能人的家庭更为常见。如一个有名的音乐家家系，从16-17世纪，最少出了50名音乐家，其中出类拔萃者有20个之多。因此，他认为人的才能是可以遗传的。然而，才能是否可以单纯遗传，引起了许多争论。

真正的遗传学的建立是在奥地利神父孟德尔1865年发表了他那非同凡响的"豌豆试验"报告之后。从那时起，人们才开始不断深化了对遗传和变异的理解，开始提出一些有科学价值的理论。

孟德尔（1822-1884）1822年7月22日生于奥地利布隆村附近的海岑林，父亲是农民。他还是个少年时，就很喜欢植物学，他在家乡的教师和牧师的影响下，增强了对大自然的热爱。因此，他学习过果树的嫁接和养蜂的方法。为了以后能成为牧师，他在经济十分困难的情况下，到奥尔米茨哲学院里学习。1843年他进入格雷戈尔修道院当教士，以后又出任神父。孟德尔也曾担任过一所中学的校长，并在该校讲授数学。在这期间，他也曾参加过维也纳大学教师资格考试，但名落孙山。后来，孟德尔被修道院送去学习科学，他对农业各个学科、气象学、天文学都有浓厚的兴趣。1954年，他在德国技术学校教物理和自然科学。从1856年起，他在修道院的庭院里栽种了许多豌豆，对豌豆花的颜色、种子的颜色和形状等进行了大量的研究。他的研究成果，发表在《布隆自然科学研究学会会报》上。第二年，即1865年他将材料进行整理后，在这个研究会的杂志上发表了题为《植物杂交实验》的论文。在这之后，他又发表了《人工授粉得到山柳菊属的杂种》和《1870年10月30日旋风》两篇论文。孟德尔的这几篇论文，就是后来以他的名字命名的遗传学定律：分离律和自由组合律。1868年，孟德尔被选为修道院院长，繁忙的工作迫使他中断了研究，最后不得不放弃了他的科学活动。后来，孟德尔因反对政府对修道院征收高额税法案，导致了修道院的一个庄园被没收。从此之后他就卧病不起，于1884年去世，时年62岁。

孟德尔发表了论文之后，并没有被当时的人们所理解。真正能够认识到这些论文价值的是在孟德尔死后16年即他的研究发表35年之后的1900年。重新发现孟德尔定律的三个人是：荷兰的德弗里斯；德国的科仑斯和奥地利的丘马克。当时，他们都各自独立地从事植物杂交实验，但谁也没有听说过孟德尔，都还以为自己正在发现什么新的规律。只是在他们的研究工作快要结束时，才第一次知道了孟德尔的论文。1900年，这三位科学家在各自发表的研究论文中，多次提到孟德尔早已指出的原理。

孟德尔所进行的独创性的实验，距今已有100多年了，事实已经证明它经受了时间的考验。今天的遗传学用孟德尔的方法对各种材料进行研究，都证明了孟德尔规律是遗传学的根本法则。

15世纪文艺复兴后，工农业和科学技术都有了很大发展，特别是农业的发展，大大促进了植物育种的研究，但是人们并没有从中发现生物遗传的规律。孟德尔正是在大量研究前人的实验基础上，指出他们的研究有以下缺点：首先实验用的材料不纯，其次授粉隔离不好，掺进了其他花粉。因此，孟德尔选用豌豆作为实验植物，其理由是：（1）豌豆是严格自花授粉植物，不受其他花粉的影响。（2）选择的豌豆性状差异很明显，区分时毫无困难，使研究者可以进行直接简明的分析。（3）前人在研究过程中，没有计算过子代间不同类型的植株、数目和性状，而孟德尔却应用数学统计学方法进行了研究。

以上三条是孟德尔实验获得成功的重要条件，他的这一实验是生物学历史上的辉煌范例。

孟德尔用他的不朽实验告诉了我们什么呢？他告诉我们：（1）生物

青少年百科科普丛书 qingshaonianbaikepucongshu

生命微观

的每一种性状都是由一对叫作基因的物质控制的，当这种生物形成生殖细胞时，这一对控制性状的基因彼此分开，进入不同的生殖细胞。这称为分离定律，也叫作孟德尔第一定律。（2）控制不同生物性状的基因对彼此分开以后，完全独立，互不相关地进行遗传，它们在生殖细胞中如何分布，在合子中怎么组合，完全是随机进行的。这称为自由组合定律，也叫作孟德尔第二定律。

遗传学的发展

科学总是在不断发展的，任何科学大师都不能解决所有的问题。孟德尔虽然富有创见地提出了基因控制遗传性状的理论，但基因是什么物质，它在细胞的什么部位，他都没有说明。后来，另一位伟大的遗传学家摩尔根，他用一种叫作果蝇的小昆虫进行了遗传试验，证明这种控制遗传性状的基因位于细胞核里面的染色体上，这样，就使遗传学的理论大大前进了一步，摩尔根的理论被称为染色体遗传理论，由于这一贡献，他于1933年获得诺贝尔医学和生理学奖金。在此之前，诺贝尔医学和生理学奖都是授予那些医生或者研究与医学有直接关系的课题的科学家，摩尔根是获此项奖的第一位纯粹生物学家，由此可以看出，医学的发展离不开生物学基础理论的研究。后来的事实证明，染色体遗传理论对医学遗传学的发展产生了深刻的影响，尽管摩尔根贡献很大，但他也没有把所有问题统统解答。人们还是在一个劲地追问：基因到底是什么物质，它的本质是什么？

引起肺炎的病原体是肺炎双球菌，这种菌在培养基上生长时可形成光滑的菌落，人们叫它光滑（S）型菌，它有毒，可致病；如果把这种菌注射到老鼠体内，就会导致老鼠患肺炎而死亡。后来又发现，这种S型菌可发生突变，这种突变菌株的菌落变得粗糙。因而被称为粗糙（R）型菌，它的致病性消失了，如果把R型菌注射到老鼠体内，老鼠不会死亡。

1928年，英国人格里菲斯看到一种奇怪的现象，他把加热杀死的S型菌注射到老鼠体内，老鼠不会死亡，但若把这种加热杀死而没有致病性的S菌与本来就没有致病性的R型菌混合，并给老鼠注射，结果老鼠却得了肺炎死去。他发现在老鼠的血液中，加热反应该死亡的S菌却奇迹般地又增殖了，这是为什么呢？

直到1944年，格里菲斯的谜才被以艾弗里为首的3人小组解开了。他们发现：有致病性的S型菌里的DNA（脱氧核糖核酸）与没有致病性的R

型菌共同培养后，一部分R型菌变成了具有致病性的S型菌，这说明DNA是决定致病性这一性状的物质，后来又经过很多科学家的反复实验，证明DNA是决定遗传性状的物质，也就是说基因的化学本质就是DNA。

这一发现具有与孟德尔、摩尔根的发现同等重大的意义，它回答了又一个遗传学的基本问题。为此，诺贝尔奖金评审委员会准备授予他诺贝尔奖金，但这位卓越的科学家却先一步离开了人世。由于诺贝尔奖按规定只能授予健在的科学家，所以无法再给他授奖了。因为没有给这样一个重大科学发现授奖，诺贝尔奖金评审委员会深深地感到遗憾。然而艾弗里的英名将永垂史册。

到此遗传学的问题不是一一解决了吗？然而，新问题又出来了。尽管已经知道DNA是基因的化学基础，那么这些DNA是如何控制遗传性状的呢？许多杰出的科学家开始研究这一诱人的问题。最后终于有了答案，尽管这个答案也不是十分完美，但它毕竟能回答上述的问题了。

经过大量的研究工作，1953年，美国生物学家沃森和英国物理这家克里克提出了DNA的分子模型——双螺旋结构模型。这个模型比较好地说明了DNA如何复制，如何指导合成蛋白质等关于基因控制遗传性状的问题。DNA双螺旋结构模型的提出是20世纪科学的大事件。它的科学价值可以与爱因斯坦的相对论媲美。人们通常把它称为方兴未艾的分子生物学的开端。从那时起，生命科学便狂飙突进，迅速深入，几乎成为20世纪后半叶的科学主流，而其中遗传学则是一支强悍的主力。

让我们慢慢品味"种瓜得瓜，种豆得豆"这只小调的韵味吧！其乐无穷啊！

没有蛋白质就没有生命

　　说起蛋白质，大家都不生疏。如果问起什么是蛋白质，可能不少人会脱口而出"不就是鸡蛋里面，取出蛋黄后剩下的那些粘乎乎的东西吗？"

　　不错，你说对了！不过不够准确。应该说，那些粘乎乎的东西叫蛋清，主要的成分是蛋白质，其中还有水分和其他一些物质。

　　人类对蛋白质的认识经过了很长的一段时间，从人类知道利用米、麦、大豆和肉、蛋作为食物起，就经常与蛋白质接触。到了学会利用大豆做豆腐，认识又进了一步。但可以这样说，到目前为止，我们对蛋白质的认识仍然不彻底，还有许多问题没有搞清楚。

　　蛋白质是最重要的生命物质之一，不了解蛋白质就不了解生命，要想明白生命到底是什么，就必须清楚蛋白质是什么。

　　蛋白质的英文名词"protein"一词是由希腊文转化而来的。过去的科学著作大都是用希腊文和拉丁文写成的，因此，许多术语名词也都是希腊文和拉丁文的。早在1838年，荷兰生物化学家穆尔德第一个使用了这个名词，意思是"首要的、第一的或最原始的"。

　　当时，穆尔德在研究生命物质时发现，有一类物质的性质很特别，当加热时这类物质就从液态变为固态，进一步分析发现，这一类物质比其他一般的有机物的分子复杂得多。这位生物化学家所研究的物质，便是我们前面提到的蛋清。穆尔德通过化学试验得出了一个基本式子：

C40：H62：O12：N10

　　他认为，这是各种像蛋清那样的物质所共有的性质，只要在这个基础上加上一些含硫（S）或含磷（P）的基因，就可以形成类似蛋清那样的各种化合物。穆尔德就把这个式子称为"Protein"。意思是在确定各种像蛋清那样的物质时，它是首要的、第一的。

　　当然，从今天对蛋白质的了解看，这个式子是不正确的。但是，

Protein这个名词仍是恰当的，因为蛋白质对生命来说，的确是首要的、第一重要的物质。正如恩格斯所说的："生命是蛋白体的存在方式。"这一点已被现代生物化学及分子生物学的研究所证实。

蛋白质是一类有机物的总称，种类很多，分子量也很大，被称为生物大分子。各种蛋白质的元素组成都很近似，都含有碳、氢、氧、氮四种元素。此外，多半还含有硫，某些蛋白质还含有其他成分，特别是磷、铁、锌、铜等。蛋白质虽是生物大分子，其分子量约在$5 \times 10^3 \sim 10^6$道尔顿范围，但正像多糖是由单糖组成的一样，蛋白质分子则是由一群低分子量的、简单有机化合物α-氨基酸组成的，α-氨基酸是构成蛋白质的基本单位。假如把蛋白质比作各式各样的楼房，α-氨基酸就是砌成楼房的砖头。楼房有黄色、有白色、有高层、有低层、有旅馆、有住宅，多种多样，五花八门，但建造它们的砖头却种类不多。氨基酸也是一样，尽管自然界的蛋白质种类多得无法计数，但构成它们的α-氨基酸却只有20种。

蛋白质不仅是生物的基本营养物质，而且是生物体的主要构成成分。从病毒、细菌、植物、动物以至人类，在一切生物体内都有蛋白质存在。在人和动物体内，蛋白质占细胞干重（除去水份后的重量）的50%或更多。在植物体内，蛋白质的含量相差较悬殊。在新鲜组织里一般只有0.5%-3%，在种子里达15%，豆类种子中的蛋白质含量最多，如黄豆中蛋白质含量几乎达到40%。

生物体每个细胞的各个部分都有蛋白质，蛋白质在生物体内几乎无所不在。生物体里面有这么多蛋白质，而且分布这么广泛，那么它们都有什么用处呢？

科学研究证明，蛋白质有许多种，每种都有独特的生物学功能，在生命活动中发挥着重要的作用。归纳起来，至少有如下几方面的功能：

（1）酶的活性：有些蛋白质在体内的新陈代谢中起着催化剂的作用，由于这些催化剂蛋白质的存在，生物化学反应才能够高效率地进行。这些发挥催化剂作用的蛋白质一般被称作酶。酶活性的研究是蛋白质研究中的一个极其重要的领域。

（2）转运和贮存：许多小分子和离子的转运工作都是由特殊蛋白质来完成的。例如，高等动物中，氧气的运输就是由血红蛋白来完成的。机体中的铁离子，是由血浆中的运铁蛋白质转运的。铁还可以在肝脏中与蛋白质结合形成铁蛋白复合物而贮存。

（3）协调运动：蛋白质是构成肌肉的主要成分，肌肉的收缩就是由两类蛋白质细丝的滑动来实现的（即肌动蛋白和肌球蛋白）。而肌肉的收缩与舒张，与生物的运动和各器官的活动，都有密切的联系。

（4）机械支持作用：动物的皮肤和骨骼有高度的抗牵拉强度，这是由于胶原蛋白质所形成的纤维，具有很强的抗牵拉作用的结果。

（5）免疫防护机能：抗体是人和动物体内的一种具有高度特异性的蛋白质。它能识别外源性物质（如病毒、细菌及其他生物种类的蛋白质等），这些外源性物质一旦进入机体，抗体便和它们结合，因而使外源性物质失去活性，就可以预防一些疾病的发生。

（6）激发和传导神经冲动：人们已知，视紫红质是眼内视网膜上杆状细胞中的一种蛋白质，在光线作用下它能产生刺激神经的作用，再通过神经反射机制而产生视觉。

（7）生物体的生长、繁殖、遗传：生物体的生长、繁殖、遗传、变异都与核蛋白有密切联系。核蛋白是一种由核酸和蛋白质所组成的结合蛋白质。

（8）记忆、思维：有人发现，在大脑的记忆、思维过程中，有特殊的蛋白质在起作用。

综上所述，蛋白质的重要性可以用一句话来概括：没有蛋白质就没有生命。因此，关于蛋白质分子的结构和功能的关系，是现代生物学研究的中心课题之一。

生命的密码DNA

　　构成生物体的化学成分非常复杂多样。但最核心的物质有两种，一种是前面介绍过的蛋白质，另一种则是脱氧核糖核酸（DNA）。

　　我们已知蛋白质在体内发挥着非常重要的作用，但这些蛋白质是从哪里来的呢？体内的蛋白质虽然是由食物供给的，但食物里的蛋白质并不能直接成为在我们的身体发挥那些神奇作用的物质。吃进来的蛋白质，它首先要在我们的胃肠道里被消化酶分解成氨基酸，然后才能被吸收为体内的物质。完整的蛋白质是无法被吸收的，只能作为粪便排出体外。如果把一些完整的蛋白质以注射的方法送入我们的身体里，这些未被消化的蛋白质就会使我们的身体发生过敏反应，严重时会造成生命危险。所以，我们的身体只能吸收氨基酸这样的小分子，而不能直接吸收大分子蛋白质。怎么办呢？我们巧妙无比的身体，自有它的办法。

　　原来，我们体内的细胞能够根据自己的需要，利用这些吸收进来的氨基酸作为原料，重新制造自身的蛋白质。根据什么制造蛋白质呢？这份设计"图纸"在哪儿呢？这份"图纸"就在细胞核的染色体上。染色体主要是由DNA分子构成的，DNA分子则是由无数的四脱氧核苷酸构成的。这四种脱氧苷酸是：脱氧腺嘌呤核苷酸（简称为A）；脱氧鸟嘌呤苷酸（简称为G）；脱氧胸腺嘧啶核苷酸（简称为T）；脱氧胞嘧啶核苷酸（简称为C）。由无数的四种脱氧核苷酸形成一条长链，由同样的两条长链平行排列，然后螺旋扭转为DNA分子。

　　分子遗传学的研究表明，前面所说的遗传基因，就是DNA分子上有遗传效应的一个片段。基因与蛋白质的合成有直接关系。那么，DNA分子又是如何指导蛋白质的合成的呢？

　　经过大量的研究，科学家们发现DNA分子上的碱基（即脱氧核苷酸中的嘌呤和嘧啶）排列顺序有一种密码的意义，这种排列顺序与蛋白质分子的氨基酸排列顺序有一定对应关系。科学家们在1966年6月在美国聚会，曾因发现DNA分子双螺旋结构模型而荣获诺贝尔奖的克里克也编制出了遗传密码表。有趣的是，这个遗传密码表在整个生物界都可通用。

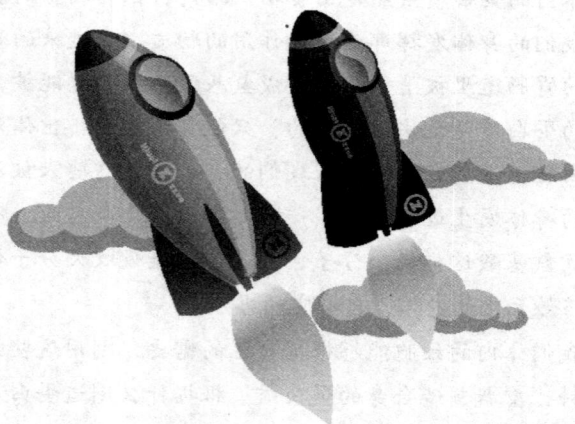

生命的新陈代谢

  新陈代谢是生命的基本特征之一，一旦新陈代谢终止，那么生命也就完结了。

  在整个新陈代谢过程中，体内有两个方向相反的过程在同时进行。一方面要把食入身体内的养料部分分解掉。把它们转化为身体的结构成分，并把能量储存起来。前一个过程叫作分解代谢，也叫作异化过程；后一个过程叫作合成代谢，也叫作同化过程。当新陈代谢正常时，这两个过程彼此协调，相互平衡，可以保持身体健康。如果养化过程太强，就会使身体处在消耗状态，会不断消瘦；如果同化过程太强，则体内储存物质过多，导致身体过胖。这两者都是不正常的。

  我们每天食入的养料，主要有糖类、脂肪、蛋白质、核酸、无机盐和水分，还有少量的其他物质，如维生素等。而我们的身体也主要是由这些成分构成的。当我们摄入这些养料时，体内的生物化学反应就紧张地开始了。食物中的几种营养物质，首先被消化道消化成较小的分子，然后才能被身体吸收。例如，食物中的淀粉需要先分解成葡萄糖；脂肪需要先分解为脂肪酸和甘油；蛋白质要先分解成氨基酸；核酸也要分解为核苷酸这一类小分子，然后才能被吸收，再进行下一步的生物化学反应。上述物质被吸收后，有两个用途：一个是继续被分解掉，转化为能量，供机体活动使用；另一个便是转而合成为大分子物质，如多糖类的糖元、蛋白质、脂肪和核酸等。成为身体的结构成分。上面的消化、吸收等代谢过程中，都需要一种强度很高的生物催化剂酶的作用，如果没有酶，这些过程将无法进行。酶的作用具有很多特性。例如，它需一定的温度、离子浓度、酸碱度和水分等；它的作用有高度的专一性，有的酶只能让糖分解，而对脂肪毫无作用。不过，任何物质都会在体内受到冷遇. 都有相应的酶来关照的。这些酶是使新陈代谢以正常进行的关键物质，也就是使生命得以维持的关键物质。要使生命存在，就得保证酶的活性。使酶能够进行正常活动的两个最重要的因素是温度和水。

在生物进化过程中，有一些不具备体温调节能力的无脊椎动物和低等脊椎动物，它们的体温受外界环境的影响很大，被称作变温动物或冷血动物，它们身体内的代谢作用就很容易受到环境的影响，因此，它们的活动受到很大限制；然而，鸟类、哺乳类和人类，都具备了体温调节能力。它们不论生活在什么样的温度环境下，都能运用体温调节能力来与环境协调，以便保持体温的恒定。这类动物称为恒温动物或者热血动物，它们的生命力就要强得多，因为它们的代谢过程能够得到稳定的保证。体温对于生命的意义，主要是通过酶的作用来体现的。

水是自然界中十分丰富而且很普遍的无机物。对生命有机体来说，水是原生质的介质，也是原生质的基本成份，所以离开了水，生命就不能生存。细胞中水的含量约为70-90%。在不同的生物或同一生物的不同组织中，水的含量变化很大。例如，水母含水量达90%以上，植物种子仅含水10-14%，人体含水量一般在66%。人体不同组织的含水量也有差别。如肌肉的含水量为76%，眼球内玻璃体中的含量则高达99%，而骨骼中含水量则只有22%。

水是最好的溶剂，许多物质都能溶解于水，并在水溶中顺利进行化学反应。水是原生质进行新陈代谢和其他生命活动所需要的根本条件。一切正常的生命活动，如消化、吸收、呼吸、运动都必须有水的存在才能维持，这其中一个主要因素是，生命的最活跃物质——酶的非凡功能只有在水中才能得以发挥。此外，水对保持体温也有重要的调节作用。

体温、代谢和水是生命活动中紧密相关的三个因素，如果它们中的一个出现了问题，或者彼此间的协调关系受到了破坏，生命便会受到损害。

青少年自然科学普丛书
qingshaoniancrankepucongshu

生命微观

催动生命的激素

1902-1905年，英国生理学家贝利斯和斯塔林用狗做实验时首先发现：当食物进入小肠后，立即刺激了小肠的肠粘膜，使小肠的上皮粘膜分泌出一种化学物质，这种物质能随血液循环进入胰腺并刺激胰腺分泌多肽。因此，他们给这种物质起了个名字，叫作"homaone"（荷尔蒙或激素）。

"hormone"一词也来源于希腊文，意思是"兴奋"或"激起"。此后，人们从不同腺体中提取了很多种激素的纯品，并对激素进行了有关化学性质和生物学活性的研究。

动物、植物体内都有叫作激素的物质。动物激素是指由动物腺体细胞和非腺体细胞所分泌的一切激素。由腺体细胞，如脑下垂体、甲状腺、肾上腺、胰腺和性腺等分泌的，称为腺体激素；由非腺体细胞，如小肠、肺、肝和皮肤等细胞所分泌的，叫作组织激素。

植物激素又叫植物生长调节物质，是指一些对植物的生理过程起促进或抑制作用的物质。

激素作用的特点是微量、强效、特异。我们体内的激素含量都很低，在毫微克的水平，但它们的作用却很强，能够对肌体的代谢产生巨大的影响；激素起作用的部位不是全身普遍的，而是只作用于某些特殊的器官或组织，针对性地发挥作用。所以，这些受其作用的器官或组织，称为靶器官或靶组织。如果把神经系统比作动物和体内的有线通讯系统，那么能够分泌激素的内分泌系统就好似是无线电讯系统，它们都是控制全身的调节系统。

人体的激素按化学本质可分为两大类：一类是含氮物质，如蛋白质、多肽、氨基酸衍生物一类的激素；另一类是甾体激素（又叫类固醇激素）。第一类激素的代表是胰岛素，它由胰腺的胰岛细胞产生，对糖、脂肪、蛋白质的代谢有广泛的影响；第二类激素的代表是皮质醇，它产生于肾上腺皮质，参与葡萄糖的代谢。

植物体内没有专门分泌激素的腺体，也没有特殊的靶组织和靶细胞。但与动物激素有某些相似之处，即植物激素也是在植物体的一定部位产生的，然后输送到身体的其他部位，对植物的生长发育起到调节的控制作用。植物自身合成的激素含量极少，一般以百万分之几（ppm）计。这类激素称为天然植物激素。目前，农业生产上应用的大多数是人工合成的、类似植物激素作用的物质，称为类植物激素。

身体中的警卫部队

我们的身体里有一个专门对付外来"侵略"和内部"破坏"的"警卫部队"——免疫系统。

免疫系统到底有哪些本领呢？正常情况下，它可以防御病原微生物的侵害，并能中和这些微生物产生的毒素；可经常地清除身体里的那些垃圾，如损伤的和衰老的自身细胞，以维护体内的生理平衡量；能够发现并杀死体内产生的少量异常细胞，防止肿瘤等恶性疾病的发生。

看样子，这支部队还是很厉害的，它的主要成员有好几种免疫细胞，如B淋巴细胞、T淋巴细胞、巨噬细胞、粒细胞等。这些细胞都是由骨髓产生的，后来它们离开了骨髓，迁移到其他不同的部位去了。它们严密地监视着体内的情况，准备一旦发生意外，立即"投入战斗"。

让我们看看当一群细菌侵入我们的身体时，这支部队是如何行动的？

当细菌一进入我们的身体，免疫系统便拉响了"警报"，全部处于临战状态。这些战将一方面积极准备自己的战斗武器，一方面彼此间传递信息，搞好协调与合作，以保证最大限度地发挥战斗力。这时，巨噬细胞首当其冲，一边去吞噬这些"侵略者"，一边把敌情通报给T淋巴细胞和B淋巴细胞；T淋巴细胞接到信号后，立即释放出一系列淋巴因子，这些因子能够加强吞噬细胞的吞噬能力。而且能引导粒细胞奔赴"战争地区"协助吞噬细胞杀敌；B淋巴细胞接到敌情后，立即变为一种能够分泌大量抗体的浆细胞，并不断产生抗体（一种蛋白质），去结合这些病菌及其产生的毒素，不让它们发挥毒害作用，不让它们行动，以协助吞噬细胞将它们杀灭。

这些细胞就是这样团结合作，为保证机体的安全而努力战斗的。

试管里的婴儿

青少年贪恋科普丛书
qingshaonianchanhepucongshi

生命微观

1978年，报纸上发表了英国斯泰普托医生和剑桥大学埃德华教授以及印度加尔各答的医生成功得到2个"试管婴儿"的消息。这与人类登月、人工肾移植一样的振奋世界。这究竟是怎么回事呢？

原来，医生先给母亲注射一定量的激素，促使卵子生长发育，然后手术取卵，放在培养皿内，加入准备好的精子，在体外受精。此后，不断给受精卵换培养液，使它能够自然地分裂发育，成为一个具有许多细胞的胚泡。第6天时，医生再把胚泡放回母亲的子宫，使其嵌入内膜，得到母体的营养，然后经过280天的妊娠，便与普通婴儿一样地诞生了。这便是"试管婴儿"。

所谓试管婴儿，指的是在试管里受精，而发育还是在母亲子宫里进行的。这一技术的成功，是生物医学工作者经过十多年的努力所创造的人间奇迹。它给那些因病或其他原因不能正常生育的人们带来了福音。

肝脏如何变成人

　　还是1978年。美国索平考特公司出版了一本名为《照着他的形象，一个人的无性生殖》的书。在这本书里，科学作家D·罗维克宣称，第一个人类无性繁殖男孩已于1976年12月诞生。书中大意是：

　　在亚洲某处热带丛林的深处，有一座极为现代化的神秘实验室，由一位绰号达尔文的生物学家主持，他从67岁富翁（代号马克斯）身上抽取了肝细胞和其他部位的细胞，这些细胞核中含有马克斯父母遗传给他的全部信息，记载了他本人的所有特征。

　　达尔文对马克斯的细胞进行了长时间培养，同时还从一些妇女体内取出卵细胞，体外使其受精，并把受精卵里原来的核去除，把马克斯的肝细胞核注入为种受精卵内。进行体外培养；然后把它再送入一位代理母亲的子宫里，终于着床成功。于1976年12月，生下了具有马克斯全部遗传信息、长得和他一模一样的小马克斯，从而建立了人类第一个无性细胞系。罗维克在书中说："这个小孩活着，身体很棒，很惹人喜爱，"并声称他在写书的几周前还见过这个孩子，但他拒绝透露小孩的生处和生物学家的名字，只是说出书时这个孩子已经一岁半了。

　　此书发行后，整个美国舆论界大哗，要求政府报告全美从事此项研究的人员和经费情况，弄清谁是这项工作的负责人，谁投资，谁首先决定这项研究等，在学术界也引起热烈讨论。

　　这件事是发人深省的。一般而言，从理论上这样做是行得通的，但实际上，在技术上的困难很大，同时产生的心理和社会问题也很复杂。人类社会越是文明发达，科学发展所要考虑的相关问题也就越多。

生命物质的人工合成

　　1828年，24岁的德国化学家魏勒在人类史上第一次将无机物用化学方法转化为有机物。他把气体氰和氨水放在一起反应，结果得到两种有机物，一种是存在于水草、菌类等植物中的草酸；另一种是动物排出的尿素。

　　魏勒的这一成果具有哲学和科学的双重意义。在哲学上，它将过去在无机界和有机界之间存在的一条深深地鸿沟填补了起来，雄辩地说明了自然界的物质统一性，破除了有机界的神秘感，使世人相信，有机界本身也毫不神奇，它也是从简单无机界转化而来的。在科学上，这一成果使人们向着从分子水平认识生命本质的方向迈出了关键的第一步。

　　人类人工合成的第3种物质是蛋白质。1921年，加拿大的斑延和贝斯特从狗的体内提取了胰岛素（一种化学本质是蛋白质的激素）。1929年美国的哈文登将它制成晶体。此后，英国的桑格花了10年时间于1955年搞清了它的分子结构，并因此而获得诺贝尔化学奖。

　　人们费尽心机，企图按照这个结构把胰岛素合成出来，到1958年，已合成了由13个氨基酸组成的肽链；我国从1958年开始进军蛋白质合成领域，从天然胰岛素拆合开始，进而合成A链和B链，最后接合成功，实现了全合成。

　　经过6年9个月的努力，我国科学家们终于于1965年10月首次人工合成结晶牛胰岛素成功。我们已经知道，蛋白质是生物有机体内最重要的生物大分子之一，它的合成成功无疑对于认识生命本质有着重大意义。

　　紧接着，人们又把注意力投向了另一个重要的生物大分子——核酸。美国学者科拉纳等人在1970年和1973年合成核酸的基础上，于1976年8月合成大肠杆菌氨基酸基因并表达成功，因此而获得诺贝尔奖。1979年8月30日，《日本经济新闻》报道，大阪大学药学院的池原森男成功合成了转移

青少年自然科普丛书

qingshaonianzirankepucongshu

生命微观

核糖核酸。我国学者于1979年7月合成了一些多核苷酸；后来又于1981年11月20日，王应睐、刘培楠、梁杆权等宣布，历时13年，他们终于成功地合成了酵母丙氨酸转移核糖核酸。

　　每一次生命物质合成的成功，都标志着人类对生命认识的一次深化。

参考书目

《科学家谈二十一世纪》，上海少年儿童出版社，1959年版。

《论地震》，地质出版社，1977年版。

《地球的故事》，上海教育出版社，1982年版。

《博物记趣》，学林出版社，1985年版。

《植物之谜》，文汇出版社，1988年版。

《气候探奇》，上海教育出版社，1989年版。

《亚洲腹地探险11年》，新疆人民出版社，1992年版。

《中国名湖》，文汇出版社，1993年版。

《大自然情思》，海峡文艺出版社，1994年版。

《自然美景随笔》，湖北人民出版社，1994年版。

《世界名水》，长春出版社，1995年版。

《名家笔下的草木虫鱼》，中国国际广播出版社，1995年版。

《名家笔下的风花雪月》，中国国际广播出版社，1995年版。

《中国的自然保护区》，商务印书馆，1995年版。

《沙埋和阗废墟记》，新疆美术摄影出版社，1994年版。

《SOS——地球在呼喊》，中国华侨出版社，1995年版。

《中国的海洋》，商务印书馆，1995年版。

《动物趣话》，东方出版中心，1996年版。

《生态智慧论》，中国社会科学出版社，1996年版。

《万物和谐地球村》，上海科学普及出版社，1996年版。

《濒临失衡的地球》，中央编译出版社，1997年版。

《环境的思想》，中央编译出版社，1997年版。

《绿色经典文库》，吉林人民出版社，1997年版。

《诊断地球》，花城出版社，1997年版。

《罗布泊探秘》，新疆人民出版社，1997年版。

《生态与农业》，浙江教育出版社，1997年版。

《地球的昨天》，海燕出版社，1997年版。

《未来的生存空间》，上海三联书店，1998年版。

《宇宙波澜》，三联书店，1998年版。

《剑桥文丛》，江苏人民出版社，1998年版。

《穿过地平线》，百花文艺出版社，1998年版。

《看风云舒卷》，百花文艺出版社，1998年版。

《达尔文环球旅行记》，黑龙江人民出版社，1998年版。